U0166238

写给新手爸爸的
第一本育儿指南

〔美〕阿德里安·库尔普——

著

喻婷——

译

台海出版社

只 为 优 质 阅 读

好
读

Goodreads

献给艾娃、查理、梅森、伊芙琳和
我的妻子珍。
育儿路上当然有不少轻松的路段和
美好的时刻，
但反而是一起走过的那些崎岖坎坷，
才让我们真正成为一家人。

目 录
Contents

序言

如果我告诉你，不管你学得多认真，都永远无法在你人生中最大的考试中得高分，就算你读完了每一本可能会考到的书，做了成千上万条读书笔记，也还是会失败许多回，你会怎么样？还是坚定地认为自己应该奋力一试吗？欢迎来到为人父母的世界！为人父母是你要做的最重要的事，也是你永远无法做到完美的事。

我说这些不是为了吓唬你，而是想请你把目标放得低一点，并推荐你无论如何读读这本书。我觉得许多父母在孩子出生之前，都愿意花时间学习所有相关知识，一旦孩子出生，有些父母就认为"船到桥头自然直"。实际上，从妈妈肚子里来到世界上的宝宝，只会为你带来更多的问题和困扰。

对我和我丈夫来说，成为父母的第一年里始终笼罩着疲惫的阴霾。我们茫然地眨眨眼，彼此偷偷交换一个眼神，都不明白现在到底是什么状况。要想在孩子出生后的第一年里做好为人父母的准备，光是靠好心的朋友和家人给出的"坊间建议"是远远不够的。因此，阿德里安才写下了这本宝贵的奶爸指南。

《写给新手爸爸的第一本育儿指南》这本书中充满了实用的建议（阿德里安，为我们都讨厌婴儿鞋来击个掌），它会为你提供可行的步骤，使你成为一位了不起的、可靠的伴侣，也会为你提供详尽的指导，帮你引导宝宝健康、快乐地度过他人生中的第一年。书中还有各种清单、待办事项以及史上最壮观的爸爸主题T恤展。

就算最后你还是搞砸了，在公共场合震惊地发现宝宝的便便顺着你的后背流了下来，而这件上衣已经是你带出来的备用衬衫了，但你仍然不会后悔自己读过这本书，不会后悔自己曾在为人父母的第一年里所做的一切准备。虽然得不了高分，但你尝试过，努力过，本身就已经非常重要。

——吉尔·克劳斯（Jill Krause）

"宝宝控"网站（Baby Rabies）创立者

你已经当爸爸了

那是九年多以前的事了，但我对当时那一刻仍然记忆犹新——我听到了我的第一个孩子艾娃的第一次呼吸声和啼哭声，这与我生命中其他的第一次是完全不同的体验。无论是你青少年时期在棒球比赛中打出第一个本垒打，还是在考驾照时完成了第一次高难度的三点掉头①，都与这一刻的感受无法同日而语。这是一个前所未有的时刻。

我目睹了一个奇迹，它让我飘飘然仿佛飞升到离地100英里的高空。故事就从那一刻开始了。

孩子出生后的几个小时里，我和我的妻子都觉得自己仿佛置身于宇宙中心，那种幸福的感觉，就像把我们一起度过的许多个

---

①美国驾照考试中的一项必考项目。——译者注

圣诞节早晨都叠加在了一起。携手创造新生命的兴奋和纯粹的喜悦将我和妻子紧紧包围。我们迫不及待地想让宝宝的爷爷奶奶和陆续来医院看望我们的每一位家人和朋友都看看我们的宝宝。

第二天早上，刚住进医院的新鲜感已经完全过去了。医院的折叠床极不舒服，仿佛从20世纪70年代流传下来的旧枕头上积攒了几代人的汗臭，让我难以忍受。大多数医院似乎从没有认真考虑过产妇家属的住宿条件。我很快发现，当人严重缺乏睡眠时，周围的一切仿佛都在崩塌。

我的脸上像是挨了一记又脆又冷的耳光，但挨这一下子很有必要。在这种时候，我必须找到眼下可以自我放松的方法，否则，我会活不下去的。

三天后，我们出院回家。才回到家不到24小时，我就意识到——麻烦大了。

在医院里，一切都触手可及。你只能待在病房里。他们故意把病房弄得小小的，你住得不会很舒服，也不会很想和那些值班保姆待在一起。一旦你回到了家,突然之间事情就会一团糟,"该死的尿片呢""我把湿巾落在楼上了吗",甚至还有更糟的:"我已经缺乏睡眠到了刚才用宝宝护臀霜刷牙了吗?"

回到家的第一个晚上,没有了医护人员,我终于意识到从现在开始,我们真的是一家人了——只有我、我的妻子和我们的珍宝。我必须做出决定。当然,我可以选择成为我妻子的好帮手,就像很多好爸爸那样,做好后援工作,听妻子吩咐,让我干什么我就干什么,但我更想全程参与,我想当主力。

我的打算是好的,但脑子里却一团乱麻。"行动指南放在哪儿了?"对了,我妻子买的那堆书还丢在马桶后面。想到要去啃那堆厚得像电话号码黄页似的资料,我就觉得自己更像在应付期末考试。不行,我需要一种更简单的方式——更友好、更温和的方式,好快速了解自己应该做些什么,要如何自我提升,才能尽可能成为一个好父亲。

是时候套上宽大的老爹牛仔服,系好帆布腰带,穿起露出大片腿毛的短裤,蹬上基础款的老爹鞋,准备以光辉的"爸爸形象"示人吧！

我自然是已经下定了决心，但在刚刚出院回家的那几天里，我时时刻刻都在自我怀疑。我觉得自己就像一名临危受命的拆弹专家，面对两根颜色不同的线，不知该剪断哪一根。万一我剪错了，炸弹会不会爆炸，把婴儿呕吐物喷在我身上，或者把粪便溅到我最心爱的T恤上？

这种不确定感持续了好一阵子。事实上，在孩子出生后的几个星期里，我走在阳光下的大街上时，还在不住地问自己："到底是谁给了我一个孩子？我怎么能对这么脆弱的小家伙负起责任？我就是个放春假时在墨西哥的街头小摊上打舌环的而已——我根本就不靠谱啊！"

有了孩子这件事对我来说是对身心的双重打击，它挑战着我的自信和自尊。但好在几个月后，我终于找到了一片新的舒适区。

在这个过程中，我和我妻子都变得驾轻就熟起来。我们协同工作，虽然并不总能做到完美无间，但至少我们相互配合，直到今天仍是如此。当然，有很多时候我们需要一起上阵，但也有不少时候我们俩一人掌舵，一人休息。这当中少不了令人绝望的交接时刻："该你上了！"

我开始拥抱当上爸爸后的生活了。我们觉得"一劳永逸"并不适合我们，于是，在艾娃之后，我们陆续又有了两个儿子——查理和梅森。又过了不久，在我写作这一系列中的第一本书《我们有宝宝了——新手爸爸的孕期手册》期间，我们又有了伊芙琳。至此，我们一家人的最后一块拼图完美地拼齐了。

在我写下这些文字时，我正处在最后一次奶爸经历中（我自己是这么认为的）。有了之前的那些经验，这次我应该能做得很好，不是吗？我们拭目以待吧。故事还没写完，但我每天都在全力以赴。

对第一年的预期

既然孩子已经出生，是时候努力干活儿了！别听别人说"这些事一点儿都不难"，我要告诉你的是，我这四个孩子每一个出生后，我发布在社交媒体上的每一张照片，上面看似美好的状态，其实都维持不到10秒钟。

当我和家人、朋友或同事交谈时，我希望传达给他们的感觉是我生活在人间天堂。只不过，在我的幸福中，还掺杂着不快、睡眠不足和不知道明天会怎样的焦虑。在一个如画般完美的亲子世界里，或者用我妻子的话来说，在"社交媒体上展示的那部分生活"里，看着别人完美滤镜下的照片，想象着除自己之外，每个人的生活都井井有条，恨不得连吃饭、拉屎都尽在掌握之中，自己其实是很容易感到孤独的。但我敢跟你打赌，每一张看上去轻松无忧、风平浪静的照片，背后都隐藏着无数个自我怀疑的时刻，你会不断地问自己："我们都干了些什么？"精美的食物摆盘和美好的家居装饰在美图效果下会很棒，但经过美化的育儿图片，每个经历过的人都能一眼看穿表面的虚假。

当然，你会经历许多美好的时刻，喜悦、平静、和谐，这些都是真实存在的。但除此之外，你还将经历混乱、焦虑和纯粹的真实。正是这个原因，我才写了这本书。

每次去医院看儿科时，医生都会问我妻子一句："妈妈还好吗？"这不难理解，她经历了那样一场大手术，身心都经受了巨大的折磨，而且每一位新晋家长都知道，妈妈有患上产后抑郁症的风险。但是，有件事和我妻子的康复状况相比同样重要，我必须承认——朋友们，我很孤独。我那些做了父亲的朋友都在忙着照顾自己的孩子。如果我对他们坦陈我的感受，我担心他们会叫我"幼稚鬼"或"自私鬼"，所以我只好把这些都咽进肚子里。然而，这并不是明智的做法。

现在回头想想，在你当上爸爸的同时，有些难关会接踵而至，一旦你接受了这一点，这些难关便会变得好对付一些。以下是我总结的一些应对技巧：

不断前进。在某些时刻，你可能会灵光一闪，心想：我明白了！但事实上，往往在你自认为弄明白了育儿法则，掌握了宝宝的成长规律时，宝宝就会给你来一记重拳。他们爬来爬去，他们到处巡游，他们在浴室地上捡起一根用过的棉签，然后放进嘴里咬……所以，请你重新开始，不断前进！

尊重自己的需求。没有人能预支睡眠，但新晋父母往往恨不得能趁生产前睡个够。虽然你的身体可以忍受睡眠不足，但你也应该懂得适时关照自己。不管是当个好爸爸还是成为好伴侣，你都要先睡个好觉，因此，在宝宝出生之前就先制订好计划，保证你和妻子都能睡个整觉。另外，你们一定要在宝宝睡觉的时候也抓紧时间睡觉！

放慢节奏。许多男士都没什么耐心，我也是，但你要是指望有一天所有的事情都能按计划进行，那猪都能飞上天了。理智点，降低期望值——世界不会因为宝宝的一次拉肚子就毁灭。我和妻子发现，安排事情的时候把时间留得充裕一点，最后往往就能按时完成。对于带着小宝宝的我们来说，光做到这一点就已经像一个巨大的胜利了。

每件小事都很重要。你为家庭所做的每件小事都是值得的，换尿片、逗宝宝开心、哄宝宝睡觉、半夜起床喂奶，甚至主动收拾尿片包，对你的另一半来说都意义非凡。

倒霉的事总会发生。说到尿片包，准备好迎接暴击吧！你随时都有可能要直面"屎爆"（真的是爆炸，便便会从尿片的后面、两侧或前面一涌而出）。因此，出门不仅要给宝宝多带一套衣服，也要给自己多带一套（很麻烦，我知道，但请相信我），你肯定不想把脏衣服里外翻转过来穿。大部分宝宝便便和尿尿时，无论从"射程"还是速度上看，都是奥运比赛级别的！

微小的胜利也值得庆祝。多寻找那些微小的胜利——小睡了一会儿，吃饭的时候没有被打扰，甚至洗澡时宝宝没有尿在你脸上。

找到生活的新常态。在家照顾宝宝是你一生中最费力又费神的事。我和我妻子曾相信宝宝会自然而然地融入我们的生活，虽然有充分的心理准备，但我们还是远远低估了宝宝出生后的头几周里，家里的局面会有多混乱。但是，宝宝不会介意乱七八糟的客厅和脏碗碟堆成山的水槽，所以你也要原谅自己。你和你的另一半需要找到生活的新常态。也许这当中包括许多顿外卖和一次性纸餐盘，没关系；也许衣服堆积成山，你可以雇那些在街上闲逛的年轻人帮你叠起来，也许顺便还能找到丢了一只的袜子。你和你的另一半需要协同合作，找回你们的生活节奏，成为对方可靠的搭档。但最重要的是，要明白战胜困难和战胜产后抑郁症是完全不同的。产后抑郁症是个很严重的问题，我们会放在第一章里好好讲一讲。

经营婚姻（这是最重要的）。 不管你和你另一半的关系多么牢固，每段关系中都有强度极限。宝宝出生是寻找这个极限，让它暴露出来的机会。有人曾说过，婚姻关系治疗不是等出现了问题才去治疗，而是要在问题出现之前就先把它解决掉。婚姻中隐藏的问题，在孩子出生后会放大10倍。就算你或你的伴侣不想解决平静表面下的隐忧，但孩子的到来还是会让这些隐忧冒出来。提几点建议：

- 趁问题变得严重之前，考虑一起去做做婚姻关系治疗。这可能是你们能为孩子做得最好的一笔投资了——建立一段牢不可破的亲密关系，给孩子做个示范，以后孩子在经营自己的家庭时，也会以你们为榜样。

- 抓紧一切机会安排二人约会，哪怕只是在客厅地板上来一顿

"野餐"也行（我妻子喜欢在床上一边吃中餐外卖，一边看奈飞的影视剧）。

● 努力在纷乱的日常生活中保持幽默感。

● 别忘了照顾彼此。

从错误中吸取教训。你一定会做错事、拖后腿，或是做出错误的决策，没关系，小宝宝的承受能力很强。你只要从错误中吸取教训，继续前进就好。

双人组合

从长期看，你们的团队合作应该意味着没有人会觉得自己在单打独斗。为了做到这一点，你们应该时时评估任务分配情况，确保家务活儿和照顾宝宝的活儿都是两人共同分担的——没错，对于我们这些需要全职工作的爸爸来说，这意味着我们要去分担。

你想想，宝宝出生后用不了多久，你们会建立一种新的生活常态。你要回去工作，妈妈也要继续恢复身体、照顾宝宝。当你工作了10个小时回到家中，她也已经在家工作了10个小时，甚至连午休时间都没有。如果妈妈从早到晚都要陪着宝宝，连半夜也要起来照顾他，那她一定会撑不住的。我妻子有时会说："我筋疲力尽了。"照顾着四个孩子，有时还要照顾我，她累到根本不想我碰她。虽然她很喜欢陪在孩子们身边，但她也意识到，为了自己的心理健康，她也需要几分钟安静独处的时间。当我们两有一个人累到这种程度时，我们会按商量好的做法，把宝宝往对方腿上一放，说："给，你来接手吧。"

有一点很重要，"双人组合"不代表妈妈要负责总揽全局。在宝宝出生后的第一个月里，许多事都需要操心：上一次给宝宝喂奶是什么时候、喂了多久、喂了多少（如果你们用奶瓶喂）、从哪边喂的（如果给宝宝喂母乳）、上次换尿片是什么时候、上次睡觉是什么时候，诸如此类。如果一整天下来，你始终要先问妈妈才知道自己该干什么，甚至要妈妈主动告诉你该干什么，那么，你在这个"双人组合"中就没有扮演和妈妈同等重要的角色。

有时候情况也可能会反过来，爸爸需要好好休息一下，而经过充分休息的、愉快的妈妈这时可以过来接手，给爸爸帮忙。总之，你们必须团结一致，充分沟通，不要让任何一个人感到自己快要崩溃了。

带娃后援团

爸爸是带娃核心团队的一分子，而不是支援力量。没有人能取代你。但实际情况是，宝宝出生后你可能很快就要回去工作。在这种情况下，你就要帮妈妈把支援系统完善起来，无论是朋友、家人、产妇陪护师还是哺乳顾问等都可以（但那种过分热情的邻居就算了吧），这样在你出去工作的时候，妈妈就有一个完美的后援团可用。老话说得好，"养一个孩子，动员一个村子"，这话一点儿不假。有人帮忙，能给你和妻子省下很多事。

为人父母对你们的关系是一场真正的考验。第一次在同一条战壕里并肩作战，你们俩都会觉得"压力山大"，这一点毋庸置疑。你们都会筋疲力尽，一开始是一个小时一个小时地熬，然后是几个小时，再然后整整一天就熬过去了。有些情况需要你们俩联手上阵，竭尽所能，还有些情况需要你们轮流上阵才能成功。总之，在今年的第一个阶段，你们要非常清楚自己的责任，要重视与伴侣的沟通，要相互扶持，互为补充。照顾小宝宝可是一项全职工作。

如何使用这本书

这本书以我在上本书中提到的"第四阶段"为起点。这个阶段是妈妈的产后恢复期，所以我们会多多关心她的状况。但几周后，妈妈的身体基本恢复，我们关注的重点就要有所转移，团队合作模式开启，宝宝各项能力的发展和各种值得庆祝的"人生第一次"成了产后第一年的主旋律。读这本书，你用不着坐下来，老老实实地从第一页翻到最后一页，你可以把它当成一本行动指南，对照看看自己的照顾能不能跟上小宝宝的成长节奏，或是从中获取一些过来人的建议。

也就是说，这不是一本《斯波克育儿经》那种类型的书，而是一本有阿德里安·库尔普个人特色的书。我的意思是，我不是医生，我是个爸爸。我在这本书中列出的宝宝出生第一年中可能出现的情况，都是基于真实的生活场景。尽管都是私人视角，我还是觉得可以与大家分享当上爸爸后我遇到的那些奇迹和挑战时刻，这是非常有价值的。我还会给出一些有效策略，能在最初的12个月里真正帮助大家渡过难关。

工具包

这本书以三个月为一章，罗列宝宝各项能力的发展情况，并给出相应的"工具包"，你可以把它看成一份快捷行为指南。每个"工具包"中包括一张待办或待查事项清单，还有一些你能用到的教程和小贴士。针对不同阶段，我还会给出有针对性的建议。我提供的都是"干货"，甚至会告诉你哪些婴儿用品值得买，哪些你根本不用看。

清 单

清单里罗列的是奶爸在第一年中每个月都要知道的事情。奶爸读完这本书后，可以快速回顾一下这些内容。嘿，其实你可以把它复印下来，塞进裤子口袋里或夹在车的遮阳板上。

教程和小贴士

教程内容包括各种操作建议、演示和说明。你可能在产前课上、医院里甚至视频网站上学过一些东西，比如，怎么用襁褓包裹小宝宝、怎么给宝宝拍嗝儿。当你把这些知识忘得差不多时，当你面对尖叫的宝宝手足无措、只想弄清怎么回事时，希望我的教程能帮你快速回忆起学过的东西。

婴儿用品

我的妻子珍怀上第一个孩子后，我们会花好几个小时在商场货架之间徘徊选购，在社交媒体上看各种婴儿用品的贴士、建议和推荐。当宝宝出生时，我们的公寓看起来就像百货商场的婴儿用品区，根本无处下脚。结果怎样呢？我们只用上了大概1/10的物品。因此，我会基于亲身养育了四个孩子的经验，帮你挑选出哪些才是必备物品。

每月统计

没有什么比茫然无知更让人不舒服了。在刚开始的几个月里，有参考信息会让你更了解你的妻子或宝宝会经历哪些身心阶段。在我成为爸爸的第一年里，我经常会觉得自己在玩猜谜游戏，所以，我不想让你再经历这种迷茫。在这本书的前一部分，每月统计将集中在对妈妈身心恢复状况的观察上；到了后一部分，大部分重点将转移到宝宝发展的各项"里程碑"上，但我也会提醒你这一阶段妻子可能需要些什么。

每月目标

与我的上一本书《我们有宝宝了》类似的是，我会列出每个月的具体目标，为你的小家庭提供参考，内容可能是爸爸需要关注的事，也可能是全家人都要关注的事。列出这些目标是为了帮助小宝宝茁壮成长，也是为了帮助你在崭新的生活常态中调整好身心状态和家庭关系。所以，一定要读一读这部分内容，它会让你朝着正确的方向起步。

家庭会议。沟通才是关键。这一项有助于你和你的伴侣保持步调一致，互相了解对方的需求。

医疗与健康。这一项有助于你留意家庭成员在医疗与营养方面的需求，保持健康。

提前计划。要想得到最好的结果，或是为可能发生的意外做好应对准备，提前计划是至关重要的。这项目标能让你先行一步。

娱乐总监。爸爸可以负责制造欢乐和组织娱乐活动！这项目标是建议全家人一起娱乐，或是与别的爸爸妈妈和他们的小宝宝一起游戏。

照顾自己。爸爸和妈妈一样也需要"充电"，才能做好自己的事，扮演好自己在家庭中的角色。这项目标为亟须休息的爸爸提供了一个喘息的机会。

爸爸陪护师。了解妈妈的产后需求对全家人都至关重要。

这项目标可以为爸爸提供各种方法，让他更好地为妈妈产后恢复健康和快乐服务。

LOVE 亲密时间。这一项会列举一些我喜欢做的与妈妈和宝宝增进感情的事。

⚠ 修理工。这项目标包括爸爸可以做的各种维护清洁工作。

♥ 加分项。这项目标罗列日常可做的一些体贴入微的事，可以让伴侣明白你是多么在乎她的幸福和你们之间的关系。

稳扎稳打

在开启新的冒险时，你可能会觉得有很多东西要学，确实如此！不过，是你们一起学——换尿片、喂奶、洗澡。为人父母，不同的人会有不同的感受。你的人生已经完全转换了方向，以满足新生儿一周7天、一天24小时永不停歇的需求。

"夜生活"从此有了全新的含义。但你和你的伴侣还是可以找到安慰——从彼此身上。

刚开始的几周，你会觉得一头雾水——可能你连早饭都是在水槽边凑合吃块冷比萨。这个阶段，你只是在努力地活着。在换了几百张尿片、喂了几百次奶、洗了几百次澡后，你会意识到自己已经掌握了窍门，甚至可能越来越得心应手。坚持下去，你们会做得驾轻就熟，也许有一天你会发现自己竟然乐在其中。那是一个电光石火的瞬间——恭喜你，新晋奶爸！你不再只是活着而已了，你已经胜任你的角色了。现在，让我们开始这段旅程。

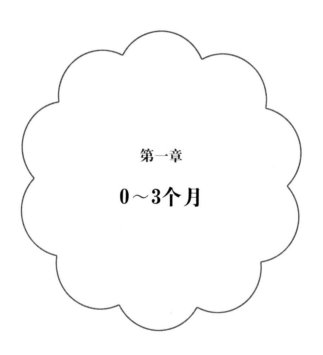

第一章

0～3个月

0~3个月清单

家 庭

- 要保证你家装修没有用铅基涂料和石棉材料，也没有任何虫害。
- 逐渐让家里的宠物和小宝宝熟悉起来（后文中会详细介绍方法）。
- 逐步为保姆等带娃支援系统建立一个时间表。看看谁能在工作日过来，谁能晚上过来，谁周末有空。
- 准备好儿童房：组装家具，买齐婴儿用品，安装好窗帘或百叶窗，好遮挡阳光。
- 在儿童房安装监控器。
- 安排好客人来访时间（后文中会详细介绍）。
- 制订好每餐计划和家务计划。

宝 宝

第1个月

- 头几天要注意黄疸。如果宝宝肤色发黄，甚至连眼白都发黄，就要带宝宝去看医生。这种情况很普遍，通常勤晒太阳，或采用光照治疗就好。
- 尽量多花时间陪伴宝宝，享受最初在一起的时光。经常抚摩宝宝：为他按摩、抱抱他、轻轻捏着他的腿做蹬自行车的动作。
- 抱起宝宝时，一定要扶着他的脖子。
- 到了晚上，要调暗灯光，减少活动。
- 保持宝宝肚脐处清洁干燥，也要保持包皮环切处的清洁（如果做了环切手术）。
- 当心宝宝头上的囟门（柔软的区域）。
- 换尿片时，要从前往后给宝宝清洁。
- 前6个月尽量喂宝宝吃母乳，如果可能，最好吃到1岁。如果不行，好好选择一款有机配方奶粉———一次性多买一点更省钱！

（续表）

0～3个月清单

第2个月

- 趁宝宝昏昏欲睡的时候把他放进婴儿床，这样他就能学着自己睡着。

- 多和宝宝说说话，他喜欢听到你的声音。

- 给宝宝留出充足的活动机会，让他尝试不同的姿势。

- 不断了解宝宝喜欢什么，什么东西能安抚他。

第3个月

- 宝宝开始俯卧了。起初有的宝宝会感到吃力，但这个动作对他们很有好处，可以锻炼他们的力量。你可以找一些有趣的俯卧练习，看哪些对宝宝管用。

- 当宝宝哭着醒来时，忍住立刻跑过去看他的冲动。给宝宝几分钟时间，让他试着自己重新入睡。

- 准备一些色彩缤纷的东西，给宝宝提供丰富的视觉刺激。

- 继续和宝宝说话，这样有助于他沟通技能的发展，宝宝甚至开始用不同的方式回应你了。

妈 妈

- 如果妈妈喂奶不太顺利，找催乳师想想办法。

- 妈妈要吃好，多喝水，特别是在给宝宝喂母乳的情况下（当然不喂母乳也适用）。

- 多留意妈妈的情绪状况。身体激素水平的变化会引起情绪波动，你也要多留意产后情绪障碍的迹象。比如，产后焦虑症和产后抑郁症（后文中会详细介绍）。

0~3 个月清单

医院预约

- 第一次预约儿科医生。
- 索要并查看宝宝接种各种疫苗的时间表。
- 把准备向医生咨询的问题列成清单（特指那些能够等到看医生时再解决的问题）。

其他事项

- 预约摄影师给宝宝拍一套照片。
- 把宝宝出生的消息发给大家。
- 了解与宝宝出生有关的各种仪式（如割礼、受洗等），并制订计划。

教程和小贴士

生活质量/生存
如何做一名合格的守门人

无论来访的是宝宝亲爱的奶奶还是邻居，此刻你都可以作为守护妻子的英雄，保证她的需求不被影响。

住院期间，我们欢迎每一位来访者，那只是因为我和我妻子事先商量好了，我们想要这么做。许多医院都实行"开放政策"，这本来是件好事，但这样也会纵容个别访客待着不走，他们身边可能还带着一个闹腾不休的四岁小孩，非要在病床上扭来扭去。这时，你可能就要扮演人生中第一个"反面角色"了："妈妈很累了，现在最好让她休息。非常感谢你的来访。"如果你不方便开口，可以偷偷溜出去找一位医院的工作人员来，对访客说妈妈该去做检查了。

出院回家后，你们可以一起商量决定什么时候接待访客，允许他们待多久。为防止有人贸然登门，你们可以在门口贴张谢客便条，或者告诉对方："我们一夜没能合眼。咱们改天再约好吗？"家人的健康始终是你要优先考虑的。

你要守好的第二道门是宝宝的房门。只有最亲近的家人和朋友才可以抱孩子。我和妻子都觉得爱宝宝的人当然越多越好，但事实却是，来看孩子的人越多，细菌就越多。儿科医生向我们建议说，每个人抱孩子之前都要先洗手、消毒，并且不要让孩子接触访客的衣服，可以给孩子裹一层小毯子或拍嗝垫。除了你和妈妈，不要让第三个人摸孩子的脸和手。记住：只要你们心里不舒服，就可以温和地对访客说等宝宝长大一点再摸。

你要守好的最后一道门是后门。你和妈妈事先商量好一个暗号，比如，妈妈一冲你使眼色，你就该谢客了，告诉客人妈妈累了，然后主动送客人出门，热情地把客人送上车。

了解产后情绪障碍的表现

"产后抑郁症"已经成了新手妈妈出现的各种情绪障碍的总称。这些情绪障碍是由多种综合因素引起的。比如，激素水平波动、精神压力较大、睡眠不足和过度劳累等。还有很多妈妈会患上"产后焦虑症"，这种情况更普遍，却也更不为人知。当然，分娩会引起激素水平的骤变和情绪的爆发，所以妈妈哭一哭、烦一烦是正常现象。但什么时候是正常的"产后情绪低落"？什么时候事情的性质发生了彻底改变，成了严重问题？关于这一点有长篇累牍的研究，我们在这里就简单来说说。

▶ 产后情绪低落是一种短暂出现的症状，表现为情绪波动、哭泣、焦虑、茫然无措、易怒、难以集中注意力、难以入睡等，通常这些现象会在产后两周内逐渐消失。

▶ 产后抑郁症或产后焦虑症如果没有得到妥善治疗，可能会持续数月甚至更久。

▶ 爸爸也会患上产后抑郁症。

▶ 产后抑郁症是暂时的、可医治的。

产后抑郁症的症状和表现因人而异，包括：

▶ 过度哭泣

▶ 狂暴易怒

▶ 极端情绪波动

▶ 难以与宝宝建立亲密关系

▶ 极度疲乏或坐立难安

▶ 与他人疏离

▶ 沮丧、绝望、内疚或无价值感

▶ 觉得自己不是好的父母

▶ 注意力涣散或难以做出决定

▶ 对事情缺乏兴趣

更严重的症状，比如出现幻觉等，则可能是"产后精神病"的迹象。

如果你怀疑你的妻子或你自己出现了以上症状，一定要告诉医生，或与相关的心理机构取得联系（如产后帮助国际热线，电话：××××××[①]）。如果出现紧急情况，立刻拨打911。最重要的是，要记住这些负面感受都是暂时的、可治疗的。

吃奶

如何用奶瓶喂奶

家里只有你和小家伙四目相对时，你打算用奶瓶给小家伙喂奶吗？请参考以下步骤。

1. 准备好奶瓶。准备干净的奶瓶、奶嘴和瓶盖，倒入配方牛奶或母乳，盖好盖子，倾斜奶瓶，确认瓶盖已经盖严了。

2. 热奶。把奶瓶放入热奶器或热水中加热几分钟（注意，玻璃奶瓶可能出现瓶身温度升高过快，而奶液仍然是凉的这种情况；塑料奶瓶可能会奶瓶外部较凉，但内部液体更热）。

3. 试温度。喂奶前，一定要先在自己手腕处试一下温度。完美

---

①中国版书，此处电话略。——编者注

的温度是你完全感觉不到它。如果你觉得有点热，那对宝宝来说一定是过热的。

4. 抱好宝宝。让宝宝斜靠在你的胳膊上，竖着拿起奶瓶，奶嘴向下触碰宝宝的嘴巴。他自然就知道该怎么做了。把奶嘴塞进宝宝嘴里，让他可以舒服地吮吸，然后，你就可以抱着宝宝，享受喂奶的过程了。有时你需要先把母乳或配方牛奶在宝宝嘴唇上滴一两滴，引导宝宝开始吸吮动作。

5. 拍嗝。宝宝吃到一半休息的时候，轻拍其背部，让他打打嗝。

如何正确地给宝宝拍嗝

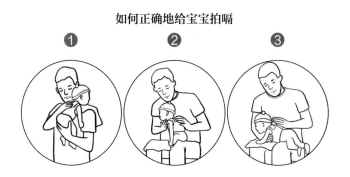

1. 把宝宝抱在胸前，让他把下巴靠在你肩上。

2. 一只手握空心拳，轻轻拍宝宝的背，持续几分钟。宝宝有可能会打嗝，也可能不会打。（那是一种奇妙的令人有满足感的成就，你会感受到的！）

3. 继续喂食，然后继续拍嗝。

安抚
如何识别宝宝的需求

宝宝会发出一些关键但不易察觉的信号，向你表达他的需求。哭往往已经是最后一招。宝宝在需求得不到回应后才会开始哭，因此，你最好在此前就弄清楚他想要什么。从平静到歇斯底里地大哭，情况可是完全不同的。下面这些关键信号是你需要了解的。

饿 了

早期信号

扭来扭去 　　　　　张　嘴 　　　　脑袋转来转去地寻找

中期信号（就是在说："赶紧喂我，快点！"）

伸展四肢 　　　　　动作增多 　　　　把手塞进嘴里

晚期信号

情绪激动 　　　　　脸色变红 　　　　　　哭

*如果你没留意到早期信号，在喂食前你可能要先安抚宝宝，让他平静下来。下文中会介绍更多操作细节和小贴士。

累了/困了

▶ 打哈欠

▶ 揉眼睛

▶ 揪耳朵

▶ 握紧拳头

▶ 对周围的人和东西失去兴趣

需要换换环境

▶ 不再有眼神接触

▶ 扭动身体或拳打脚踢

高能育儿贴士

如果你没留意到早期信号，需要在喂食前先安抚宝宝，我可以提供一些小贴士和小建议。

▶ 用襁褓裹好宝宝

▶ 轻轻摇晃

▶ 与宝宝皮肤接触

▶ 轻轻抚摩宝宝

▶ 和宝宝说话

如何给宝宝裹襁褓

想让宝宝觉得舒服？把他裹在襁褓里，方法和叠一张煎饼差不多：

1. 把毯子上面的角向下折叠。

2. 把宝宝放在毯子上，头露在折角的外面。

3. 毯子右边的角向左拉，塞在宝宝身体下面，然后把下面的角拉上来，塞进第一个折角里。

4. 最后，把毯子左边的角向右拉，裹住宝宝，只把头和脖子露在外面。襁褓应该松紧适度，不要太紧，宝宝的屁股和膝盖应该都有活动的空间。

睡　眠
认识"婴儿猝死综合征"（SIDS）

每对父母都会担心这个问题。同为家长，我想告诉你们，产生这种担心是很自然的。我敢说，这只是你们要担心的第一件事，以后要担心的事还多着呢。有一些先天因素可能会增加婴儿猝死综合征发生的风险，但也有一些后天情况是你们需要了解并注意的。

宝宝应该睡在父母身边。美国儿科学会认为，宝宝出生后至少在前6个月里应该与父母睡在同一个房间里，可以睡婴儿床、小摇篮或放在父母床边的拼接床。有一项重要研究表明，与父母同睡，可以将婴儿猝死综合征发生的风险降低50%。

宝宝应该仰睡。婴儿猝死综合征多发于俯睡或侧睡姿势。宝宝一岁之前，最好采取仰睡姿势。

宝宝的床品更推荐硬质表面。毛茸茸的被子、水床和枕头看上去舒服，但很可能会堵塞宝宝的气道。

同睡时要给宝宝留出安全空间。虽然我和我妻子很喜欢和宝宝一起睡，但如果你们决定这么做，要用床上插件给宝宝留出属于自己的安全空间。

不要让温度过高。父母总是本能地想让宝宝睡得暖暖的，但太热会增加婴儿猝死综合征发生的风险。

其他增加患病风险的因素包括暴露在二手烟环境中、出生体重过低、脑损伤和呼吸系统问题。

如何建立睡觉习惯

建立睡觉习惯有很多好处：可以让宝宝知道午睡时间到了，帮助他更快入睡，整个家庭的作息也更有规律，还能帮宝宝把睡觉与舒适的亲密时刻联系在一起。这些都有助于宝宝睡得更好、更愉快。

以下是一些建立睡觉习惯的小贴士。

设定睡前程序。 给宝宝洗个澡，或做做按摩，然后，和他舒服地依偎在一起看看书，或给他唱一首轻柔的歌，把光线调暗，营造一种适合入睡的气氛。找到属于你们的节奏，享受这段从容静谧的时光。

识别入睡信号。 你能识别宝宝困了的信号，就能在最合适的时候哄宝宝入睡。掌握好这个时机，你就能帮宝宝养成睡觉习惯。

把宝宝放回婴儿床。当宝宝昏昏欲睡时，把他放回婴儿床里，这样他就可以学着自己入睡。多尝试几次，就算一开始不成功也没关系。建立起这项规则会是一次重大胜利，以后宝宝都会养成良好的睡觉习惯。

保持作息规律。虽然生活发生了很大变化，但还是要尽量保持稳定的生活作息规律，让宝宝明白接下来该做什么。你们面对的挑战就是根据家庭新成员的成长规律，来调整一家人的生活步调。

过正常的生活。别总觉得你要在宝宝睡觉的时候蹑手蹑脚的。我最得意的一件事就是可以在宝宝午睡的时候使用吸尘器——我的宝宝在任何噪声下都睡得着。

学习和游戏
如何与新生儿玩耍

虽然现在给宝宝报名儿童棒球队还为时尚早，但你还是可以和小宝宝玩些小游戏。

腿部运动。我会把宝宝放在毯子上，轻轻地抓着他的小胳膊小腿运动——上上下下，或者做骑自行车的动作。

感知训练。

▶ **听觉**：你的声音是宝宝最好的娱乐。给他唱歌，和他说说心里话。说真的，这比你去做心理治疗便宜多了。我发现自己当时就总是和宝宝说话，就像过去我把喝醉的室友扶回家时对着他说话一样："你可以自己健步如飞、滔滔不绝，对不对？"除了给宝宝提供意想不到的娱乐价值外，你的声音还能从早期开始就帮助宝宝学习字词和语调。

▶ **视觉**：宝宝一个月大的时候，就可以和人进行眼神接触，也能看清距离自己大约一英尺（约合30.5厘米）处的东西。你可以做鬼脸来逗宝宝（也逗你自己）开心，还可以晃晃拨浪鼓，看宝宝能不能找到声音的来源。随着宝宝的视力进一步增强，你们还可以玩"追手指"游戏，每次玩几分钟这样的追踪游戏能加速宝宝视力发展的进程。

▶ **触觉：** 动作轻柔地给宝宝做做按摩；用丝被或毛绒玩具蹭蹭宝宝的脸蛋；一边哼歌，一边跟随节奏摸摸他的小脚丫。

清洁
如何给宝宝洗澡

无论你用的是高档浴缸、独立的婴儿浴盆还是厨房水槽，都要在手边备齐所需工具。

工具罗列如下：

▶ 温和的婴儿香皂

▶ 两三条洗澡巾

▶ 塑料杯子

▶ 柔软的婴儿毛巾和厚厚的长毛绒浴巾

▶ 干净的衣服（给宝宝的，当然都搞定后，你自己可能也需要换一件干净衬衫了）

现在开始洗澡！

1. **准备好整理区**。清理出一块区域，铺一块厚的长毛绒浴巾，上面再铺一块婴儿毛巾。

2. **小心肚脐区域**。如果宝宝的脐带残端还没有脱落，你可以用温热湿润的洗澡巾蘸一点婴儿香皂，把宝宝从头到脚擦洗一遍，小心地避开肚脐区域，最后擦洗宝宝的屁股。把这块洗澡巾放到一边，用另一块温热湿润的洗澡巾把残留的香皂泡擦洗干净。用婴儿毛巾把宝宝包起来。

3. **在浴盆里注水**。如果宝宝的脐带残端已经脱落，就可以在浴盆里倒半盆温水，水位够宝宝坐在温水里就可以了。放宝宝进去前一定要试一试水温。放进去后，你的手一定不要离开宝宝。

4. **从头到脚洗干净**。从宝宝的头部开始，用一块温热湿润的洗澡巾在他身上涂一点婴儿香皂，向下洗的时候别忘了支撑好宝宝的身体和后颈，最后再洗宝宝的屁股。洗完把洗澡巾放到一边。

5. **冲洗**。用塑料杯盛满温热的洗澡水，倒在宝宝的身体和四肢上，进行冲洗。将第二块洗澡巾润湿，把宝宝头发上的香皂泡擦洗干净。

6. 包裹。 把宝宝放在干净的毛巾上，包裹好，擦干头部和身体。抱抱他，等他暖和又干燥后，再给他穿上干净的衣服。

趁此机会，我必须再强调几点，尽管其中很多都已经是常识了——不要用装有垃圾处理器的水槽给宝宝洗澡；不要让宝宝处于无人照看的状态，哪怕一秒钟也不行——宝宝很容易滑倒。洗澡过程中宝宝可能会尿尿，你可以用第三条洗澡巾盖住"关键部位"，这样给他洗完澡后，你就不用再把自己洗一遍了。补充一句，我妻子很喜欢给孩子们洗澡，她觉得这是强化亲密关系的最好时机。

如何照顾包皮环割手术后的宝宝

如果你决定让儿子做包皮环割手术，就要了解如何在术后照顾他。包皮环割手术的伤口通常会在7～10天痊愈，这段时间里，给宝宝换尿片的时候，你要用一块温热湿润的毛巾轻轻擦去秽物。儿科医生会建议你经常涂一些凡士林之类的护肤霜，防止伤口粘连在尿片上，或与阴茎粘连，也可能会建议你在凡士林上面盖一块消毒纱布，以保护患处。

高能育儿贴士

多准备几套信封式宝宝连体睡衣吧。这其实是个总称，指的是那种领口交叠，可以向下脱而不是只能向上脱的衣服。万一孩子发生了"大井喷"，你就不用体验把排泄物从宝宝脸上拖过去的"酸爽"了（要特别强调的是，我是养过三个孩子后才总结出这一点）。

保　护

营造安全的家庭环境

在这个阶段，你无法真正保护宝宝，但可以保证宝宝活动空间的安全，具体做法包括：

▶ 保证宝宝的睡觉环境符合当前的安全标准（后文中会有详细

介绍）。

▶ 当宝宝和家里的宠物同处一个房间时，一定要有一个大人在旁边（详见后文"如何让宠物熟悉宝宝"）。幼儿同理，宠物和幼儿都有可能做出不可预知的行为。

▶ 注意不要让房间温度过热或过冷。宝宝的穿着也要适合室内温度。

如何让宠物熟悉宝宝

宠物是你原来的宝宝，现在你又有了新的宝宝。那么，你可怜的波士顿梗犬小库珀是怎么想的呢？为了让你的宠物和你自己都能平顺过渡，请参考以下小贴士。

越早开始越好。如果你是趁孩子还没出生就提前读到了这一段，那么现在你就可以把你未来的小盖茨介绍给你家宠物了。让它闻一闻宝宝霜和尿片的气味，这样它就会熟悉未来宝宝的气味。给它买一张新的小狗床或小猫窝，把它从以前你和你伴侣之间的老位置挪出去。如果宝宝已经出生了，那么现在就要开始介绍了。

慢慢介绍。艾娃出生的时候，我从医院带了块湿尿片回家，让小狗先闻一闻，这样它就能在我们出院之前先熟悉她的气味。等到宝宝回家后，慢慢介绍，不要在每次宠物接近宝宝时责备它。尽快恢复正常的生活节奏，让宠物能按以前的方式生活。如果宠物在宝宝面前有点躁动不安，与其赶走它，不如先让别人把宝宝抱走，你抱它几分钟。

继续爱你的宠物。尽管你的时间可能有限，但还是尽量抽出一些时间来爱你的宠物，让它知道它在你心里仍然很重要。如果可以，请朋友、邻居或雇一位遛狗者帮你遛狗。

多加小心。不要留宠物和宝宝单独在一起。宝宝突然做出的动作或发出的声音会吓到宠物，而动物就是动物——就算是最乖的动物，也会做出不可预知的行为。

儿　科

知道什么时候该给医生打电话

常见的婴儿疾病有肠绞痛、鹅口疮、尿布疹、乳痂、婴儿痤疮、泪腺堵塞、大小便次数增加或降低，等等，这还不包括感冒发烧等更常见的疾病。作为家长，你现在要对另一个人的健康全权负责，所以什么时候该给医生打电话？以下是几点注意事项：

不要等待。发烧、长时间哭泣和呕吐……有些症状是明确的信号，提醒你马上给医生打电话。别等周末——马上求助，甚至去挂急诊。

相信直觉。"灰色地带"到底该怎么办？也许你也不确定，那就相信自己的直觉吧。如果你有疑虑，那就给医生打电话。**你是孩子的家长，你的直觉是可靠的**。你要找专业人士来解决宝宝的需求，同样你也有权寻求专业意见。

找到合适的医生。如果你觉得现在这位医生不够负责、缺乏耐心以及（或者）解决不了问题，请向周围的人多打听打听，换一位更合适的医生。

婴儿用品

必备用品

▶ **尿布还是尿片（或二者兼用）**：这是个大抉择。一个可能更环保一些，另一个不够环保，但更省时间。我们尝试过用尿布，但它实在不适合我们，后来，我和我妻子还是决定用尿片了。我们在洗衣间囤了几箱尿片，以备不时之需。

▶ **奶瓶**：总的来说，塑料奶瓶比玻璃奶瓶便宜，但有可能在加热过程中向奶液里释放化学物质。如果你选择用塑料奶瓶，最好先加热奶液，再倒进奶瓶里。当然，玻璃奶瓶更重，用的时候要小心摔碎。

▶ **婴儿床或者拼接床**：夏天时或用襁褓包裹时，宝宝可以睡在爸妈中间；如果想保持一臂之遥，可以紧挨着大床放一张婴儿床，方便夜里频繁照顾。别忘了，宝宝在妈妈的肚子里待了大半年，你指望他才出生不久就一头扎进一个独立房间的独立婴儿床里，确实有些"强宝宝所难"。另外，有研究显示，宝宝睡在父母附近，感受着他们呼吸的节奏，这是有好处的，别忘了我们前文中提到的"婴儿猝死综合征"。

▶ **吸奶器和配件：** 你们可以选择用电动吸奶器，它通常会配一个漂亮的手提箱。不过，布朗医生又送给我妻子一个手动吸奶器，当涨奶厉害，而宝宝又不想或暂时不能吃奶时，它正好派上用场。我妻子肯定地说，最简单的手动吸奶器都比电动的要好用得多。

▶ **尿片包：** 你能在电商平台上找到数百万个给爸爸用的尿片包，这真是太棒了！我用的是背包款，有很多锁扣和塞奶瓶或水瓶的侧袋。

▶ **防水垫：** 能隔水隔污，当你想在炎热的公园长椅上给宝宝换尿片时，它还能充当缓冲垫。

▶ **塑料袋：** 毕竟你永远不会知道什么时候需要用它把宝宝的"喷射物"或宝宝身上的衣服装起来，扎紧。

▶ **口水巾：** 如果你不希望T恤被宝宝的口水日复一日蚀出小洞来，最好在手边备一条口水巾。实际上，我是用被弄脏的旧T恤做口水垫，来拯救我的新T恤。

▶ **防晒用品：** 带宝宝出来呼吸新鲜空气当然很棒，但别忘了帮宝宝遮挡直射的阳光。他们的皮肤非常敏感，而且出生后头三个月左右是不能使用防晒霜的。如果正午出门，你可以在婴儿车上装块遮阳板，或撑一把太阳伞，也可以装一个电池式或充电式的小风扇。

▶ **宝宝安全座椅：** 为这个阶段的宝宝选一款背向式汽车安全座椅，活动型安全座椅要到宝宝两岁以上才可以用。

▶ **婴儿车：** 我们用的是一款能快速转换成安全座椅的婴儿车。它其实是一个车架子，你可以把安全座椅卡进去（这种设计很方便，你肯定不想先把在车上睡着的宝宝弄醒，再把他转移到婴儿车里,或者把婴儿车上的宝宝弄醒再转移到汽车上)。

▶ **婴儿背带:** 几年前,我曾把婴儿背带加入购物车,一起下单的还有一款能背着宝宝去远足的户外背包。后来这两样东西都派上了大用场。在宝宝出生后的头几年里,如果不能背着他出门,那我几乎什么事都干不了。

▶ **护臀膏:** 试试AD药膏,凡士林(*Vaseline*),Desitin(美国品牌),Balmex(美国品牌),Triple Paste(美国品牌),Boudreaux's Butt Paste(美国品牌),优色林(*Aquaphor*)或Calmoseptine(美国品牌)这几种护臀用品品牌,选一种你最喜欢的。防皮疹的乳液看上去是透明的,而治疗皮疹的药膏大多是厚重的白色膏体。

可备用品

▶ **育儿类APP:** 市面上有很多做得很棒的育儿类APP。我们用的是"神奇的飞跃周"(Wonder Weeks),它是根据预产期而不是宝宝的实际出生日期来给出宝宝成长之路上的"里程碑"，告诉你未来会发生什么，下一个"里程碑"是什么，在接下来的几周里，有哪些有趣的、诱人的事情是值得期待的。

▶ **镜子**：有些观点认为汽车后视镜是安全隐患，因为它会让司机的视线离开前方路面，但我认为独自开车时，能通过后视镜看到后排座椅至关重要，这样你才能迅速确认宝宝在后面是不是安全。镜子也可以作为实用小工具，挂在婴儿床上，观察镜子里的自己会占据宝宝不少时间，足够你叠好几件衣服了。

▶ **调奶器**：需要给孩子喂奶的时候，我根本没时间去打开热源，加水，等着水被加热到我需要的温度。如果你给宝宝喂配方奶，有条件就买一台既能热奶又能冲调配方奶的神奇调奶器吧。

▶ **婴儿摇摇椅**：把宝宝放进摇摇椅里会让他很开心。我们有两种摇摇椅推荐：一种是传统的婴儿摇摇椅，还有一种是弹力摇摇椅。

▶ **悬挂玩具**：你可以在电商平台买到各种令人惊叹的手工玩具，线下零售商店里也能买到类似的产品。任何悬挂在婴儿床上方的色彩对比强烈、形状各异的小玩意儿都能吸引宝宝的注意力，即便你挂的是你收集的各色啤酒罐（当然我建议你用空罐）。

▶ **安抚奶嘴**：我对安抚奶嘴的态度很矛盾。我的几个孩子中有人很喜欢它，因为它能起到安慰作用。但缺点是，如果宝宝到了蹒跚学步时还对奶嘴恋恋不舍，想改变这个习惯就很难了。要说我的建议？根据现在的需求决定，不要想太多。

▶ **拨浪鼓**：可以促进宝宝的感官发育，也可以逗宝宝开心。

▶ **磨牙玩具**：小婴儿喜欢咀嚼东西。挑选的时候要注意——产品声称不含双酚A还不够，你还要选择那种专为咀嚼设计的玩具。木质玩具其实是个不错的选择，因为可以冷藏。

▶ **游戏垫**：我们的几个孩子都用同一张游戏垫——就是一张简单的垫子，上面有两道拱门，悬挂着小玩具和小镜子。

▶ **慢跑婴儿推车**：带宝宝出门很重要——这是自从我们第一个孩子出生后几乎患上"广场恐惧症"的某人总结出来的。

不建议用品

▶ **婴儿毛巾加热器**：这个玩意儿是在我们有了孩子后才出现在市面上的。我觉得只要把湿毛巾在我温暖的手掌里攥上20秒，我就能省下这笔钱。真的。另外，这玩意儿能把湿巾弄干。

▶ **换尿片台**：事实上只要严加小心，任何东西表面放一块换尿片垫，都可以变成换尿片台。除非你是个非常整洁的人，否则，专门准备的换尿片台很快就会被叠好的衣服、尿片、各种纸张和宝宝浴液等杂物占满，根本没有空间让宝宝躺。

▶ **婴儿床上用品**：根据最新的安全指南，婴儿床上除了床单和床垫套外，不应该再有其他东西。以前提倡的缓冲垫、被子、楔形定位器不仅没必要，还可能造成危险。

▶ **婴儿鞋**：我知道，有的人就是忍不住要给宝宝买鞋，我永远无法说服他们不必给只有两周大的宝宝买鞋。如果你没有这种执念，不妨就让宝宝享受一段只穿袜子的生活吧。我自己的孩子们大约在一岁才开始穿软底鞋。

第1个月　把宝宝接回家

平均重量	重量相当于
7磅[①]（约合3.2公斤）	6英尺（约合1.8米）高的铝制折叠梯，1加仑（约合3.8升）油漆

从医院开车回家的感觉怎么样？你是不是第一次像现在这样，双手紧紧抓着10点和2点处，紧张地打着方向盘？上大学的时候，我曾经被指派了一份在暴风雪中送啤酒的工作，从那之后我就再也没有为了安全运输而如此"压力山大"过。

无论如何，你们总算毫发无损地到家了，家里的一切都让人既舒适又开心：没有医护人员每隔五分钟就在病房里进进出出（他们也许真是有帮助的），也不用去睡比汽车旅馆的床还要

---

①磅，英制质量单位。1磅约合0.4536千克。

不舒服的陪护躺椅。

但是，护士们进进出出的也帮了你们不少忙，他们简直是一本本行走的育儿百科全书，而且随叫随到。我仔细观察过他们的一举一动，学到了不少照顾婴儿的诀窍。在他们的指导下，我都可以跳过期中考试，直接参加期末大考了。但是，从你们一脚踏出医院大门的那一刻开始，一切就全靠你和你的妻子两个人了。

希望在刚回到家的这段日子里，你们能得到来自儿科医生、孩子的祖父母、哺乳顾问，也许还有助产士等多方的帮助，但也许你只能靠自己。不管怎样，最初的几个星期总是既兴奋又紧张的。在护士叮嘱我的所有事项中有一条真的难倒了我："如果你们在家里还能沿用住院期间的日程安排，那你们就已经完成了过渡期最重要的一项挑战。"

喂奶和护理的时间表倒是和住院期间基本一致，每天会有一点微小的调整。当然了，宝宝要拉屎，半夜还要吃奶，所以请做好心理准备，回家后的第一周你会经历身体上、精神上和情绪上的极度透支。在每一天即将结束时，请记住，隧道的尽头一定有光。

在你之前，每个男人（好吧，应该说大多数男人——在成为奶爸的道路上我们损失了一些"战友"）都经历过这一切，很多人在经历过第一次后，还经历了第二次、第三次……美国知名的大家长吉姆·鲍勃·杜戈尔（Jim Bob Duggar）甚至又多生了18个孩子。一切都会好的，生活会变得轻松起来，你和你的伴侣会找到让两个人都舒服的育儿方式。

在第一周，我要给出的最简单的建议是：别再想你需要休息多久，也别再想你习惯休息多久。在这段令人筋疲力尽的日子里，调低自己对休息的期待值。准备好强大的意志和强力的咖啡。宝宝睡你也睡。

第1阶段	第1个月
妈妈状态 ● 无论顺产还是剖宫产，妈妈现在都处于产后恢复模式。在产后的 1～4 周内，妈妈都有可能出现大量出血现象。	

第1阶段	第1个月

- 这一项不用多说，我们都知道，但我还是要在这里再说一遍：这个月禁止性生活。
- 激素水平发生变化，短期内情绪容易激动，表现为哭泣、沮丧和焦虑等。
- 母乳喂养对妈妈会是一种损耗，妈妈既要面对营养消耗，又要一周7天、一天24小时地照顾婴儿。
- 乳汁可能会突然喷涌而出哦！泻盐浴可以帮妈妈疏通乳腺，促进乳汁分泌。妈妈还可以采用四肢着地的下犬式动作，摇晃乳房，也能实现同样的效果（我没有撒谎）。
- 妈妈有可能患上产后抑郁症，甚至爸爸也有这种可能。产后抑郁症与产后情绪低落不同，必须马上寻求医生帮助。

宝宝状态

- 大多数孩子在出生后的第一周里，体重会减轻10%，但在接下来的两周里这部分体重又会涨回来。如果你家宝宝没有，儿科医生会教你一些帮助宝宝快速增加体重的方法。
- 有的宝宝从一出生头就呈圆锥形。不必担心，这是完全正常的，宝宝的头骨有弹性，过一阵子会自动修正形状。
- 宝宝很容易累——吮吸、吞咽、呼吸对新生儿来说可是一套复杂的动作。
- 胎儿姿势会逐渐消失，宝宝开始舒展小胳膊小腿了。
- 宝宝的粪便会从黑色焦油状（胎粪）变成炭黑色液体，再变成一种芥末酱似的混合物，最后成为固体芥末状，直到你开始给宝宝添加辅食为止。
- 要特别当心宝宝头顶那块软软的区域，叫作"囟门"。

第1阶段	第1个月

- 哭是很正常的——让宝宝哭上 2～5 分钟也没关系。
- 肠绞痛的表现症状有时不太明显，甚至很少或没有表现。要判断宝宝是否有肠绞痛，主要看三个"三"：明明没有其他病痛，每天却会哭上三个多小时；每周超过三天出现这种情况；持续长达三周之久。可以采用婴儿止痛水、益生菌和草药——当然，要在儿科医生的指导下，用一些适当的方法缓解宝宝（以及你）的痛苦。
- 乳痂（宝宝头皮上白色或黄色的鳞屑）和婴儿痤疮并不危险，用温和的婴儿洗发水洗上几周就会消失。
- 准备好相机——你随时有可能看到宝宝的第一次微笑或咯咯笑！也许只是因为胃胀气，但还是很可爱的！
- 其他有趣的变化还包括左右转头，用小拳头挥向自己的脸，近距离范围内视线追踪，甚至转头朝向他熟悉的说话声或其他声音来源。

不容错过的事

- 宝宝出生后 3～5 天预约体检。
- 宝宝出生后第一周预约体检（如果体重偏轻）。
- 宝宝出生后第二周预约体检。

疫苗接种须知

你可以向儿科医生索要一份疫苗接种时间表。你是孩子最重要的监护者，如果你对这套时间安排心存疑虑，哪怕只是想延长接种周期，不妨和医生进行沟通，不要害怕。接种疫苗确实存在一定风险，但益处要远远大于风险。延长疫苗接种周期意味着你要带孩子多去几次医院，但如果你的宝宝对某种疫苗有反应，就会很容易辨别出是哪一种。

每月目标

🏛 **家庭会议。熬过第一周。**这一周的主题是生存，所以现在就降低你的期待值吧。吃饭就站在餐台边解决，不允许有意见。我们当初在第一周里吃了很多顿比萨，好几次我们甚至都懒得加热一下。你不需要掌控好一切，只需要关注家人就好。最重要的是，接受任何形式的帮助。永远不要忘记你有队友，尽可能地互相照顾，互相依靠。

🏥 医疗与健康。

给宝宝上保险。通常在宝宝出生后，你有30天时间把宝宝加入你的个人保险中，这应该是可以追溯的。查看一下你的保险条款，看看具体的时限规定是多久。

当心脐带残端。剪断婴儿脐带后，护士通常会用一个类似薯片袋夹子的迷你塑料夹夹住残端，在你们出院回家前就会拿掉夹子。残端需要过几天才能干枯脱落。我的建议是，对它多加留意，否则，你一转身，可能就会发现你家的小狗正在啃咬脱落在地上的脐带残端。这是真事。

限制触碰。通常情况下，对陌生人触碰宝宝要进行限制。如果是家人或朋友想逗逗宝宝，请一定让他们先去彻底洗手。宝宝现在的免疫系统还不足以抵御外面的细菌，而你是他唯一的防线。当然，也不必疯狂地要求人家先去洗个澡，但好好洗手，遵守常识（比如，不要亲孩子）还是很有必要的！

学会辨别呕吐物。宝宝的呕吐物通常是白色的，夹杂着少量固体，看起来像是凝固的牛奶。如果不是这样，如果你有所怀疑，请立刻带宝宝去看医生。

花时间和宝宝交流。新生宝宝就像一块海绵，不停地吸收着信息。花点时间和他说话、玩耍和互动是极其重要的，可以促进宝宝成长，而且这些珍贵的时刻一旦过去就再也回不来了。

🎥 娱乐总监。到户外去。走出家门对你们都很重要。在我第一个孩子出生后的头几个月里，我很害怕带她出门。我很紧张，对自己在公共场合能否应对好心里没底（说真的，我就不知道该如何应对），更担心自己应付不了那些想逗宝宝的陌生人——还有他们带来的细菌。而做好计划（用婴儿背带把宝宝紧紧地固定在你身体上，或者把宝宝放进安全座椅或婴儿车里，盖上顶棚），就会没事的。

✊ 照顾自己。适当休息。妈妈还处在恢复阶段，你可能也已经情绪崩溃。有一条建议也许你已经听过一百万遍了——宝宝睡觉的时候你也赶紧睡觉。虽然说睡就睡可能很难做到，但你总得尽力试试。如果你垮了，还怎么做最好的奶爸？

⚠️ 修理工。做好充分的准备。想想为了让家成为一个对宝宝友好的地方，你可以做些什么（比如，安装隔音装置或风扇、在沙发上多放几个靠枕、策略性地把水瓶放在妈妈喂奶地点的附近——这可是一份容易口渴的工作）。

👤 爸爸陪护师。成为"饮食侦探"。如果宝宝消化不良，温柔地提醒妈妈从饮食上排除可能的诱因，比如避免乳制品、含咖啡因的饮品、洋葱和卷心菜等，这样可能会让宝宝舒服一点，放屁少一点。

💗 加分项。贴好标签。如果你的妻子产奶很多，需要吸出来冷藏储存，那你就主动站出来，给这些存奶做个登记，并贴好标签。我当时把存奶按时间顺序在冰箱里放好，妈妈不在的时候，我就把最早的那袋奶拿出来加热。

❤️ 亲密时间。开始给孩子读书。给你的小家伙读书永远不嫌早。可以先从自带感知训练小道具的图画书开始读。有大量这样的书籍可以促进孩子的视觉、听觉、触觉甚至嗅觉水平的发展。

第2个月　喂奶高手，换尿布达人

平均重量	重量相当于
10磅（约合4.5公斤）	一颗保龄球，一根假日火腿

你已经积累了几个星期的经验。在庆祝新生的锣鼓号角过去后，人们各自回到了原本的生活轨迹中。也许你曾经幸运地获得了父母、岳父母的帮忙，但现在他们也已经回去了。不过，现在你已经是一个技术纯熟的育儿机器人，可以真正直面宝宝的屎、尿、屁了。

在养育我们第一个孩子艾娃的时候，我和我妻子想了各种夜间分工的方式。在实际操作时，如果我们给孩子吃母乳，那我妻子就会起来喂奶，喂完奶，把我叫醒，由我来拍嗝、换尿片，把宝宝重新哄睡着，而她喂完就可以去睡觉了。

我们真的像一对双人搭档一样精诚合作。如果你们用奶瓶喂，这种形式也同样适用——你们只要轮换着喂奶，那么至少每个人都能连着睡上好几个小时整觉。

虽然绝大多数专业建议都认为，新晋父母每晚都应当睡够8小时，但实际情况和最新的研究都表明，你们平均每晚只能睡4小时44分钟——这还是在幸运的情况下。是时候来杯冷萃咖啡了。

宝宝依旧喜欢你的抚摩和拥抱，喜欢和你"贴贴"，以及绝大多数时候——喜欢妈妈的乳房。

第1阶段	第2个月
妈妈状态 • 妈妈体内的激素水平正在发生剧烈变化，所以你会发现她上一分钟还高高兴兴的，下一分钟就哭哭啼啼或不知所措，这都是正常现象。这种情况往往持续几天就会稳定下来。如果妈妈的情绪一直无法稳定，不妨找她谈谈，或者建议她找心理医生谈谈，寻求专业的帮助。 • 如果妈妈做了剖宫产手术，那么现阶段她还不能提太重的东西。第6周时她可能还要去妇产科做一次复查。	

第1阶段	第2个月

宝宝状态

● 宝宝更健壮了，也显现出了一些基本的动作技能。比如，被大人抱起来的时候能保持头部稳定，能伸直腿，还能试着踢腿。

● 宝宝可能已经开始表现出兴奋、开心或满意等情绪。

● 宝宝的抓握力越来越强，开始意识到手指是自己的一部分了。

● 视觉和听觉是宝宝感知能力中最先发展起来的——宝宝开始认得出父母的脸，能对大幅的动作和对比强烈的色彩做出反应，也能对朝自己发出的较大的声音给出情绪反馈。

● 宝宝还是喜欢追寻笑脸，有时还能用笑脸来回应父母的笑脸。

● 父母的抚摩能让宝宝安心。

● 你可能会听到宝宝发出叽叽咕咕或其他的声音。

● 每24小时宝宝应该喝奶8～12次，共喝掉12～36盎司（约合354.8～1064.5毫升）奶。

● 宝宝一天应该睡14～18小时，最好晚上能睡8～9小时，白天能睡7～9小时，包括3～5次小睡。

不容错过的事

● 妈妈产后第6周要做复查。

● 妇产科医生会查看妈妈是否有潜在的产后抑郁症方面的问题。

● 宝宝第2个月要预约做体检。

● 询问医生宝宝成长路上的下一个"里程碑"是什么。

● 带上你罗列的问题清单。记住，没有什么问题是过分的。

● 根据宝宝的疫苗接种时间表，提前了解接下来要给宝宝接种什么疫苗。

每月目标

双人团队

携手坚持到底。记住,每天都要相互扶持。两个人一起面对挑战总好过单打独斗。

找到自己的节奏。到了这个阶段,如果你们还没有找到双人团队的配合节奏,就要抓紧去找了。明确各人的职责,决定由谁来处理工作、谁来应对家庭事务,这对于保持内心的平静和家庭的安宁是至关重要的。

提升你的安抚技巧。用传统方法来安抚宝宝和偷懒把他丢给妈妈去哄,这二者之间有着细微的差别。尽最大努力去排除可能令宝宝不舒服的其他原因(温习前文中讲到的"如何识别宝宝的需求")。

🏥 医疗与健康

留意男宝宝睾丸的下降情况。你要对男宝宝的睾丸发育过程多加留意。男宝宝的睾丸需要几周、几个月甚至几年才能完全下降到阴囊内，这都是正常的，但如果到了6个月大时，宝宝的睾丸还没有下降，及时治疗就非常重要了。每次带宝宝去体检时，都要让儿科医生评估睾丸是否已经下降。

留意包皮环割处。如果你选择了给男宝宝做包皮环割手术，那么，在伤口愈合的过程中，你要经常询问医生恢复情况是否正常，需要注意些什么。比如，防止伤口粘连（详见前文）。尽量用一块温暖湿润的布，轻轻擦去伤口附近的排泄物或脏东西。

💗 亲密时间

慢慢恢复性爱时光。大部分医生都会建议女性在分娩6周后再考虑恢复"课外活动"。在这件事上，你们应该开诚布公，没必要在你的妻子身体还没有准备好之前就仓促行事。激素水平的剧烈变化和给宝宝喂奶也会抑制妻子的性兴奋，让她对恢复性生活心存犹豫。你们可以开发别的亲密方式，比如，依偎着睡觉，如果你们愿意，甚至可以重新发掘深吻的乐趣。

保持交流。是的，你不仅要和你的伴侣交流，也要和宝宝多絮叨絮叨。当你带宝宝出门的时候，给他讲讲你在做些什么——宝宝听得进去。

策划二人活动。你和伴侣可以花上几个小时出去放松，提醒自己你们还是人，而不只是宝宝的全天候服务生。有没有什么你们信得过的人，能在你们最喜欢的乐队来本地开演唱会的时候，帮忙照顾宝宝几个小时？制订个计划吧，兄弟。脱掉你的超短裤和运动鞋，去享受一些不一样的乐趣！

照顾自己

锻炼身体。妈妈在怀孕后期和分娩后的头几个月里非常容易体重超标。新手爸妈同步变胖这种事是真实存在的。如果你的腰带必须放松一两个孔，虽然是正常现象，但你最好想想怎么扭转这种发胖趋势！做一个小时运动，让自己出出汗，不仅对你的"游泳圈"有用，对你的大脑也有好处。

第3个月　职场妈妈的回归

平均重量	重量相当于
13磅（约合5.9公斤）	一个西瓜，一只成年马尔济斯犬

如果幸运，你和你的伴侣应该已经建立了一套育儿制度。但小宝宝的行为是不可预测的，你们要做好意料之外的事情随时可能发生的心理准备。灵活应对是关键。

希望你的宝宝在这个阶段体重有所增加，吃奶有了规律，如果幸运，排便次数也有所减少，这样你们就终于可以小睡一会儿了。我到现在都还记得当时是如何幻想着能打个盹儿。在我的宏伟计划中，我在搞卫生、支付账单，但通常情况下，我发现自己不是在热剩饭，就是把监控器的音量调高，然后闭上眼——有时候这么做才是对的。

如果妈妈要回去工作，这就将是重要的一个月，她将面临与宝宝艰难的分离。就算她对于重返职场兴奋不已，也还是会情绪低落一整天、一整周，甚至一个月。她可能还要试着减肥，恢复到生孩子之前的体重，或是把日常穿着调整回去。也许你正在面试能照顾孩子的保姆，或是考察日托所。总之，参与起来，助妈妈一臂（或双臂）之力，收集情报，提供可能的帮助，实地跑一跑，提供一些建议，相互扶持。

第1阶段	第3个月

妈妈状态

- 这个月妈妈可能就要回去工作了，随后要面临的问题有育儿计划调整、通勤方式安排、准备吸奶工具、存奶以及解决分离焦虑。
- 妈妈可能要试着减掉一些孕期增加的体重，来自伴侣的正面反馈能让她减肥更有成效。
- 妈妈体内的激素水平仍然在变化，要继续留意产后抑郁症的迹象（详见前文）。多出去呼吸新鲜空气，多与他人交流，才不会产生孤独感。

宝宝状态

- 宝宝的排便次数可能会减少，如果他吃奶情况正常，体重持续增加，那就没问题。
- 当心宝宝患上尿布疹（后文中会讲到）。酸性的便便，甚至只是潮气，都会刺激宝宝的屁股，引起疹子。

第1阶段	第3个月

- 本月宝宝的体重应该增加 1～1.75 磅（约合 0.5～0.8 公斤），并长高大约 0.5 英寸（约合 1.3 厘米）。
- 宝宝每餐应该能喝奶 4～6 盎司（约合 118.3～177.4 毫升），每 24 小时总共应该喝奶 24～36 盎司（约合 709.7～1064.5 毫升）。
- 宝宝每天应该有 3～4 次小睡，一天应该睡够 15～17 小时。
- 宝宝的运动技能持续增强，包括伸开和攥紧小手、用手玩耍、把手放进嘴里、抓东西以及拍打悬在上方摇摇晃晃的东西。
- 开始有手眼协调能力了，也可以和人进行眼神交流了。
- 宝宝身体更强壮了，可能趴着的时候已经能抬起头和胸部，或是坐在你大腿上时已经可以自己保持头部稳定了。
- 宝宝正在学着自娱自乐，也能用更多的交流方式来表达自己的喜怒哀乐。
- 宝宝可能出现了第一次睡眠退化。平时设定的睡前程序此时就能派上用场了。

不容错过的事
- 宝宝第 3 个月要预约做体检。
- 带上你罗列的问题清单，也问问医生宝宝成长路上的下一个"里程碑"是什么。
- 要清楚最近要接种什么疫苗。

每月目标

☑ 提前计划

找保姆。如果你们还没找到保姆，就列个人选清单吧。

开始记录。宝宝成长纪念册还扔在咖啡桌上吗？花几分钟时间，趁你还没忘之前，快速完成"宝宝趣事"的记录。出现好的记录素材时，如果纪念册恰好不在手边，就先写在废纸片上，稍后再转抄到纪念册里（或者干脆弄一个纸片故事收录集）。记住，当孩子长大成人，留给你的就只有这些回忆了，你要把它们都珍藏起来。

👥 家庭会议

为妈妈重返职场做计划。妈妈重返职场，相当于为你们趋于完美的育儿系统投下了一记重锤。好好讨论一下，对时间表做一番修改。

医疗与健康

知道什么时候该稍稍离开。永远不要带着沮丧情绪使劲摇晃宝宝。这种行为除了显得十分残暴外，还会对宝宝的发育系统造成严重伤害，甚至引起更糟糕的后果——死亡。如果你发觉自己处在崩溃的边缘，就把宝宝交给妈妈，或者稍稍离开，做几个深呼吸。

加分项

替妈妈"值个夜班"。晚上接替妈妈的喂奶工作，这样她就能睡个安稳觉了。

照顾自己

找到你的小圈子。认识一下其他的新手父母，找找新手父母小组或常常聚会的场所。没人能比同样处境的他们更能理解你现在的身心状况。

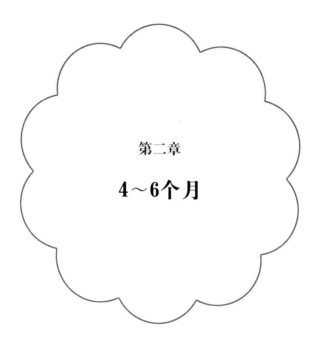

第二章

4～6个月

4～6个月清单

家　庭

- 所有宝宝能接触得到的电源插座都要装有保护盖,防止宝宝接触。
- 在橱柜上安装儿童锁。
- 把化学制品放在宝宝够不到的高处。
- 从一个好奇宝宝的视角看世界,蹲下身来,看看家具、咖啡桌和靠垫的下面,留意所有看上去有意思的、可能吸引宝宝触摸、放进嘴里,或有可能打翻的东西。把贵重的东西保护起来或转移走,危险物品扔掉。

宝　宝

第4个月

- 要保证宝宝能接触的都是安全的物品——他现在会把所有东西都放进嘴里。
- 宝宝的活动能力与日俱增。要保证始终有人好好地看着宝宝,对他进行适当的约束,防止他摔倒。

第5个月

- 要不断审视宝宝周围有没有安全隐患,包括所有宝宝能抓到、能吃到或者能打翻的东西。
- 在你忙碌的日程里为宝宝腾出一些空间,给他高质量的陪伴。他的性格和能力正在突飞猛进地发展,一分钟都不要错过!

第6个月

- 当宝宝学会坐时,就可以和他玩些新游戏。多放几个枕头围在宝宝四周,这样不管他朝哪个方向倒下,都有软软的东西接着。
- 给宝宝准备各种形状和材质的玩具。
- 多给宝宝提供感官刺激:溅水珠、吹泡泡、扶着他站在草地上

4～6 个月清单

……这些都能让他接触到广阔的新世界。

● 趁游戏日或图书馆的讲故事时间帮宝宝开启他的社交圈子。

妈 妈

● 和爸爸一样，不管妈妈是不是要回去工作，都能从与其他新手父母的交流中受益。游戏小组、游戏日、讲故事时间以及"我和妈咪"亲子课等，都为妈妈提供了很好的途径，能与其他妈妈和宝宝进行即时交流。你们现在遇到的家庭在未来几年里都会与你们保持相同的发展轨迹，所以在这些群体中，你们会交到一些长久的朋友，请记住这一点。

● 妈妈需要和你单独出去约会放松。希望现在你们已经有了值得信任的保姆。带妈妈去闹市区过过夜生活，给她个惊喜。

● 多和妈妈确认关于喂母乳和吸奶的问题。

● 开诚布公地和妈妈谈谈有关性生活和亲密关系的话题。她可能对自己当上妈妈后的身材有些焦虑。

医院预约

● 该给宝宝预约第 4 个月和第 6 个月的体检了。

● 这两次体检可能都包含疫苗接种。

● 把你想向医生咨询的问题罗列成清单，体检时带着它。

● 留意宝宝的成长节奏，这样医生可以判断他的发育是不是正常。

其他事项

● 半岁生日：半岁生日是值得庆祝的。就算只有你们三个人，也可以给宝宝做个小皇冠，给他唱首生日歌，喂他喝一碗婴儿燕麦粥。

教程和小贴士

吃食物

如何给宝宝加辅食

多数儿科医生不建议在宝宝6个月之前就吃辅食，但如果宝宝不需要支撑就能稳稳坐着，你也觉得宝宝准备好了，就可以开始加辅食。我推荐你首先从燕麦片或婴儿麦片粥开始，这种低致敏性、口味清淡的食物很适合作为辅食的开始（有人一开始就给孩子吃水果，后来发现宝宝对口味清淡的食物完全不感兴趣了）。

做做功课。 找一找有机的、全谷物、富含铁的食物，可以促进宝宝身体和大脑的发育。

从流质混合物开始。 你可以用水、配方奶或母乳混合一点麦片

（我们当时就是这么做的），做成黏稠的流质混合物，常温就可以，甚至凉一点也行。

准备和操作。给宝宝戴上围嘴，再准备一块柔软的布，你就可以开始喂食了。让宝宝坐直，用婴儿勺舀上小小一口，凑近宝宝嘴边。如果宝宝如你所料准备好了，他就会张开嘴，吃掉你送进去的食物。这个过程可能需要多尝试几次。

体验为主。最初的几餐更多是让宝宝体验一下辅食，还不能完全代替喂奶。正如俗话所说，"重在体验"。但只要宝宝能接受勺子，就可以一直喂。一旦宝宝闭上嘴，把头扭向别处，就是在告诉你"饱了"。

慢慢来。每周只让宝宝尝试一种新食物，这样你就能观察他的反应，准确判断出哪种食物会让宝宝过敏或引起别的问题。

每次迈一个小台阶。比如说，当你给宝宝喂了一周的燕麦粥后，就可以换下一种食物了。

混合搭配。你可以把以前给宝宝喂过的两种食物（比如，米饭和梨）做成流质食物，混合起来喂。

坚持。有时宝宝需要多尝试几次，才能决定他喜欢或不喜欢某种食物。宝宝的口味会改变，也可能原本喜欢的，突然就不喜欢了。你要经常给宝宝重新介绍。

辅　食	4~6个月
流质食物 ● 奶（配方奶或母乳） ● 水 谷　物 ● 大麦 ● 燕麦 ● 米饭 蔬　菜 ● 冬南瓜 ● 四季豆 ● 红薯 水　果 ● 牛油果 ● 香蕉	

在基本食物以外，如何增加其他食物

如果儿科医生不反对，你可以开始给宝宝添加其他食物了。这里有几点建议：

▶ 食材浓度逐渐增加。先从流质和混合液体开始，随着宝宝接受能力增强，再逐步增加浓度。要保证宝宝有能力把食物嚼烂咽下去。当然，更硬些的食物（比如肉类）还要等宝宝牙齿长出来才能喂。

▶ 给宝宝喂鸡蛋时，要保证鸡蛋是全熟的。

▶ 要保证喂给宝宝的所有果汁、牛奶、芝士和其他奶制品都是经过巴氏消毒的。这些都应该是熟的，生的东西有可能受到细菌感染。

▶ 在宝宝12个月之前不要喂蜂蜜。蜂蜜中的细菌会让宝宝患上严重的疾病（肉毒中毒）。

▶ 当宝宝开始适应泥状食物后，可能会喜欢优质的冻酸奶棒（类似"吸吸乐酸奶棒"那种垃圾食品还是算了吧）。对宝宝来说，这是一种非常棒的健康食物，它还有个额外的功能——缓解牙龈疼痛。

▶ 要知道，给宝宝添加辅食并不代表现在就可以断奶了。我的妻子给我们每个孩子都喂奶到两岁左右才停，他们都是一边吃固态食物，一边从早到晚吃好几次奶。

如何发现致敏食物

当你开始给宝宝喂固态食物时，当然就要小心可能导致过敏的食物。这里有一些须知和小贴士。

了解最常见的致敏食物。最常见的致敏食物有八种：牛奶、鸡蛋、木本坚果、花生、豆类、鱼类、贝类和小麦。

了解家族过敏史。问问你们的直系亲属，如果你们没有明显的家族过敏史，儿科医生可能会"解除警报"，建议你们广泛尝试（蜂蜜除外）。

每次只尝试一种新食物。这样你就可以知道是哪种食物引起了不良反应。

留意过敏症状。大部分食物过敏都出现在进食后一小时内。宝宝可能会立即表现出可怕的症状（气喘、呼吸困难、身体肿胀、严重的呕吐或腹泻），这时，你要立刻拨打急救电话。过敏表现一般包括以下几种：

▶ 面部、躯体或尿片覆盖区域出现荨麻疹、红痕、皮疹或湿疹。

▶ 面部、唇部或舌头出现肿胀。

▶ 呕吐以及（或者）腹泻。

▶ 咳嗽、气喘或呼吸困难。

▶ 失去意识。

找一位优秀的专科医生。如果你怀疑宝宝对某种食物过敏，带他去医院变态反应科做个检查。他们会找出过敏原，制定应对方法。

安 抚

如何缓解牙龈疼痛

宝宝是不是正被嘴巴里的问题困扰着？像水龙头一样不停流口水，总是把手塞进嘴里？这说明宝宝的牙齿就快长出来了。你可以用一些工具来缓解宝宝的不适感。

▶ 用干净的手指帮宝宝按摩牙龈。

▶ 给宝宝一条冷冻过的小毛巾或冷的（不是冻过的）磨牙圈咬着。

▶ 在你们的全程看护下，给宝宝一点冷硬的食物（比如，胡萝卜或硬面包圈）嚼一嚼。小心，如果有小块食物碎片脱落，就马上把它拿走。

▶ 给宝宝半截冻酸奶棒。

▶ 给宝宝服用婴幼儿止痛药。

如何识别和治疗过敏

宝宝可能会长疹子或发痒，而你却不知道这是怎么来的。并不是所有的过敏都是食物过敏，环境过敏和不良反应也是十分常见的，特别是那些直接接触宝宝敏感肌肤的产品带来的过敏。这里有一些小贴士：

检查你用的清洁剂。如果你抱了宝宝，用小毯子包裹宝宝，或是让宝宝躺在你的床上，那就要审视一下你用来清洗这些织物的清洁剂，以及你用在脸上或身上的护肤品——这些产品可能会刺激宝宝超级敏感的肌肤。宝宝对某种气味或清洁剂感到不舒服是很容易发现的。我们的一个孩子皮肤就比较敏感，像他爸爸，但其他几个孩子从来没有这方面的问题。每个宝宝情况都不一样。

小心精油。在一些地方，崇尚天然成分与固守传统西药都大有人在，但人们往往都对将精油作用于新生儿周围，甚至直接作用于新生儿身上不以为然。新生儿的皮肤更薄，更容易吸收过量精油，造成危险。如果你实在爱用精油，在给宝宝用之前一定要先征询儿科医生的建议，有的精油适当使用是安全的，有的则不一定。谨慎一点，多做功课，要保证给宝宝用的精油都在安全范围内，并且放在宝宝够不着的地方。

采买婴儿用品要当心。如果你也像我一样，承担起了去超市采购的职责，就要格外留意一切宝宝用品的成分。比如婴儿的洗发水、香皂、沐浴露或护臀霜等。多上网看看评价。一旦你家宝宝长了疹子，就立刻把用在那个区域的所有东西都停掉，直到你找出引发问题的"元凶"。其实要判断某种商品是否安全，最简单的方法是看它成分表里的东西你是否都认识。

留意疹子。添加辅食后，宝宝可能会长尿布疹。这是过敏的表现，如果不处理，可能会引起严重后果。咨询一下过敏症方面的专家，请他帮你判断是哪（几）种食物引起了过敏。尿片一旦尿湿或弄脏了，就要及时更换。比较清爽的护臀霜可以起到基础的防护作用，但对于比较严重的皮疹，则要用更厚重的、含有氧化锌的护臀霜。

睡　眠

如何将宝宝转移到自己的卧室

你们现在可能想回自己的卧室。这里我要讲讲如何尽可能平顺地将宝宝从你们的卧室转移到他自己的卧室去。

设定好卧室的基调。把新卧室布置成一个安宁的空间，不在这里玩任何吵吵闹闹的游戏，否则，宝宝就会把这里与玩联系起来。你们可以在新空间里安静地度过一段睡前时光，比如，坐下来看会儿书、听听轻音乐。把灯光调暗。

遵守睡前程序。几点让宝宝睡下并不重要，你要考虑的是如何让宝宝逐渐进入睡觉状态。睡前程序就是在告诉宝宝："你知道吧，睡觉时间到了。"关掉电视，关上百叶窗，让宝宝置身于昏暗、凉爽、安静的环境。

让宝宝困倦。你可以让宝宝伏在你肩上，有节奏地走上几圈，或是给他洗个热水澡，再给他讲个故事，目的是让他感到放松、困倦。

把昏昏欲睡的宝宝放到床上。有的宝宝喜欢吃着奶入睡，但育儿专家并不支持这么做，因为嘴里含着奶睡觉对牙齿不好，而且这样一来，宝宝也学不会自我安抚。最理想的状况是，你把昏昏欲睡的宝宝放在小床上，让他自己睡着。

耐心一点。如果宝宝打盹或晚上睡觉只睡几分钟就醒了，试着让他自己重新入睡，就算他闹腾一会儿也没关系。让宝宝重新入睡，你需要耐心一点。重复睡前程序。也许很多人会告诉你"让孩子哭个够就好了"，我和我妻子却并不认同，也永远不想认同这种"哭声免疫法"。让宝宝闹腾几分钟，和让宝宝撕心裂肺地哭上半个小时、一个小时，或是像我们尝试过一次的"哭声免疫法"那样，哭上五个小时，性质是完全不同的。

最后一点建议。总之，你肯定不希望宝宝只能在一种环境或气氛下入睡。你不希望有一天能出去度假吗？宝宝能在噪声中睡着，能在他的小床或宝宝安全座椅以外的地方睡着，你们就有了更多的灵活性。如果你希望全家人能一起出门，一定会很看重这一点。

学习和游戏
如何跟宝宝玩感知游戏

你的宝宝就像一块海绵，玩耍时间对于他的成长至关重要。就让玩耍成为他的第一要务吧！你可以通过有激励作用的游戏，来促进宝宝各种感知功能的发展。

玩游戏的时候，要记得两件事：第一，全身心投入，你自己才是宝宝最好的玩具。你要和宝宝一起玩，他会很喜欢有你陪着。你们可以一起躺在地板上，不要让宝宝看着你坐在沙发上高高在上，而他却在地上闻你的臭脚。第二，用鬼脸和模仿游戏吸引宝宝的兴趣，让他探查你的脸和手，和他一起唱歌跳舞。成为一位优秀的游戏发明家吧，这样可以加深你和宝宝的感情，还可以促进宝宝的成长。

优秀的感知游戏包括：

玩水。洗澡时可以玩水。此外，宝宝也可以坐在高脚椅或是你的大腿上玩水，室内室外都可以。用一个小盘子盛一点点水就能玩，宝宝可以尽情地打翻它，也可以用杯子盛水，倒在宝宝的小手里，或是准备一支小水枪，朝宝宝的小手喷水。在水面上放一只橡皮小鸭，在它漂来漂去时鼓励宝宝去抓它。等宝宝大一点，你还可以给他玩海绵、漏斗或带各种孔洞的杯子。不过，哪怕只玩一点点水，你也要保证宝宝始终在你的监管下，这是铁律。

躲猫猫。 "爸爸在哪儿呢？" "在这儿呢！" 躲猫猫游戏除了可以看到宝宝各种有趣的反应外，也可以让他明白物体是恒久存在的，你看不见它并不代表它就消失了。你还可以用杯子或毛巾把小玩具盖起来，然后揭开遮挡物，露出玩具："小积木哪儿去了？" "在这儿呢！"

玩食物。 没错，你可以在宝宝以后的童年时光里，反复告诉他食物不是用来玩的，但眼下玩食物是让宝宝认识食物、更能接受食物的最好办法。宝宝在玩食物的过程中也会发现糊状的、黏稠的东西很有意思。在他的小盘子里盛一点胡萝卜泥，让他用手指尽情地涂抹。

感知玩具。所有按压或摇晃时能发出吱吱嘎嘎声的玩具都可以作为感知玩具，有配套游戏毯或游戏垫的更好。你也可以自制，比如，把小锅当成鼓，用小勺敲着玩，如果妈妈还在睡觉，就把小锅换成塑料容器来敲。

自制感知袋。上网看看感知袋的各种创意做法吧。就算你不是玛莎·斯图尔特那样的手工达人，也能做得出来。把一些小玩具、小亮片、沙子、绒球、小珠子等没有尖角的东西装进自封袋里，再填入一些便宜的护发啫喱水，让袋子软弹好捏。你也可以简单点，在袋子里填充一些吸水珠（可以在网上买到），把袋子里的空气挤出，用彩色强力胶带封好口，然后粘在宝宝椅的托盘上，或地板的游戏垫上。你会和宝宝一样对这种玩具着迷的，这是好事——宝宝必须始终在你的监管下玩这种玩具，因为它有令人窒息的危险，你也要严防宝宝吞下袋子里的小东西。

感知罐。找一个塑料罐，装一些豆子、米粒和小玩具，再把罐口牢牢封上（用强力胶带加固），然后宝宝就可以尽情摇着玩或滚着玩。再说一次，在宝宝玩你自制的玩具时，你一定要全程监管。

清　洁
如何给宝宝剪指甲

宝宝多么可爱！可他金刚狼一样的尖指甲却可能抓伤你的脸、妈妈的乳房以及来逗他玩的其他哥哥姐姐的皮肤。现在宝宝长大了一点，指甲和手指皮肤已经分得开了。尽管如此，我还是建议你用专门的婴儿指甲刀（通常带有放大镜），这样才不会剪到肉。友情提示：趁宝宝睡着的时候剪有时会更容易。

1. 把指甲和周围皮肤分开。用你的大拇指轻轻按压宝宝的指尖，让指甲和周围皮肤稍稍分离。

2. 顺着曲线剪。顺着宝宝指尖的曲线剪。

3. 差不多即可。没必要剪得太深。

4. 打磨指甲边缘。用锉板轻轻地把宝宝指甲边缘打磨平滑。

如果你担心剪不好，可以跳过步骤1～3，直接打磨宝宝指甲。这种让指甲变短的方法需要的时间会长一点，但更温和。

使用天然清洁剂

宝宝很快就要学会爬行了，到时视线所及的所有物品他都会触摸。摸完了，再把手指或整个小手塞进嘴巴里。在这种情况下，我们往往会担心细菌和脏东西进入宝宝口中，然而，还有一样东西也是你应该考虑的——用来清洁这些物品的清洁剂。

重新审视你所用的清洁剂。你用什么来清洁地毯和地板？踢脚线和栏杆扶手呢？橱柜呢？仔细看看清洁剂的说明标签，然后……

换成天然清洁剂。找找那种可生物降解的、植物性的、低致敏性的、不含化学染料或合成香精的、不易燃的，不含氯、磷酸盐、石油、氨、酸、碱性溶剂、硝酸盐或硼酸盐的清洁剂。天然食品店往往会销售环保健康的清洁用品，但现在越来越多的超市里也有这样的货品在售了。

保　护

如何让你的家对宝宝更安全：第一部分

宝宝能在地上爬后，你一定希望做一番彻查，让家里更安全。
参考以下方法，更高效地清除隐患。

四脚着地。以宝宝的高度，在家里实地爬上一圈（喝上一两杯
酒之后，你的"爬行之旅"会更有意思）。你在到处爬的过程
中，时刻留意有哪些东西是宝宝可能会放进嘴里的——掉落的
硬币、电池、水瓶盖子、药片、维生素片、不明黏液、乐高小
零件、小磁铁（特别是磁力球，一旦吞下去，它们会相互吸
引，夹挤肠道，引起严重问题）、曲别针、小塑料片或小垃
圾，以及上次生日派对剩下的气球。

划出宝宝安全区。就算你坚定奉行"亲密育儿法则"，也总要
时不时地把宝宝放下来。这时，家里能划出一块安全区域就至
关重要了。在我们家，宝宝安全区铺有柔软的厚毯或橡胶游戏
地砖，再用宝宝游戏围栏将这里围合起来。我们把宝宝玩具和

别的可以作为玩具的东西都放在了这里。

把插座都盖起来。还有什么能比把小手指插进交流电插座，然后被弹飞到房间另一侧更"酸爽"呢？插座保护盖很便宜，而且从网店或一元店都买得到。

当心绳索。许多百叶窗公司已经去掉悬垂的升降拉索了。不过，如果你家百叶窗还有，给它打个结，放在宝宝够不着的高处。婴幼儿被窗帘绳缠绕勒死的惨剧时有发生。另外，还要当心灯具和熨斗的电线，甚至垂吊植物悬垂下来的枝枝蔓蔓，这些东西都可能成为安全隐患。

小心固定。这里指的是固定好沉重的家具和家电，防止倾倒。就算宝宝爬不上去，你在巡查全家的时候，也要花时间看看橱柜抽屉、电视机等。你可以购买家具绑带，从背后把家具和墙壁绑定在一起，防止它掉落砸到宝宝。

管好宠物。我们都喜欢"毛孩子"，但家里多了个爬来爬去的小宝宝，你就得好好审视宠物食盆、水盆、砂盆、保温灯的灯绳、没有固定在墙壁上的鱼缸或饲养箱等物品。我可以告诉你，我们的孩子几乎个个都吃到过狗粮或猫粮，第四个宝宝现在才11个月，刚刚已经吃过猫砂了（还好是干净的）。通常来看，这也不是什么大事。中毒控制中心的电话已经收录在你手机的快速拨号单上了，他们甚至都知道你的名字——这没什么，这就是他们存在的意义所在。任何时候你有问题，他们都知道该如何解决。

别忘了检查玩具。柔软可爱的玩具也会带来危险。宝宝现在已经可以抓握玩具了，它除了能带来舒适和安全感外，也会带来窒息风险，这是你必须当心的。玩具上的纽扣、玻璃眼球和鼻子可能会脱落，最终被宝宝塞进嘴里。如果一个玩具能放进宝宝嘴里，就说明它太小了。玩具零部件也一样——也许你觉得宝宝吞不下一个火柴盒小汽车，那车轮呢？仍然有窒息的风险。

把宝宝床安装好。还记得你为宝宝买下那张三合一折叠小床时有多兴奋吗？记得把床垫降到最低，这样就算宝宝半夜爬起来，也不会掉到床外去。

婴儿用品

必备用品

▶ **高脚椅：**没有餐桌你能活吗？没错，高脚椅就是宝宝的餐桌，也是他玩耍的场所，以及看着你们大人在厨房里忙忙碌碌的地方。

▶ **婴儿背带：**如果你想做一些推着婴儿车没办法做的事，或是去一个婴儿车推不进去的地方，那么，婴儿背带就是必备工具了。

▶ **折叠式婴儿车：**你们现在可能已经有一辆了（请别再连宝宝带车一起拖来拖去了——纯属自讨苦吃）。但如果你们有不止一个孩子，能同时容纳大小孩子、双胞胎、三胞胎甚至更多孩子的折叠式婴儿车就是必备品了。

可备用品

▶ **儿童房监控：** 对我来说，这是必备品，但这件事因人而异。对于那些睡觉很沉，或是和孩子不睡在同一层楼的父母来说，儿童房里安装一套音频或视频监控设备就能让他们更方便。许多设备都有摄像头，它能通过手机APP向你实时播放房间里的情况。然而，先进技术的运用往往也伴随着风险，监控设备有可能受到黑客侵袭。你可以考虑使用VPN（虚拟私人网络），或是听听其他用户的建议。

▶ **睡袋：** 孩子到了这个年纪，我们就不再用襁褓，而是改用带拉链的睡袋。宝宝刚洗完澡出来，用这个再合适不过了。

▶ **婴儿靴、婴儿袜或婴儿鞋：** 保持宝宝双脚温暖很关键。对这个年纪的宝宝来说，鞋子确实还不太方便他们走路，所以要穿得轻便、透气、舒服。我们一直给孩子们穿婴儿袜子穿到10个月左右。像楚皮特（*Trumpette*）这样专业生产婴幼儿鞋袜的公司，他们的袜子就像小鞋子一样。

► **玩具：** 我说过，玩是小宝宝的第一要务，可以促进宝宝各方面能力的发展。任何能为宝宝提供视觉刺激、能发声、能唱歌的玩具都很棒。现在的儿童玩具多种多样，选购的时候，要选择信誉良好的公司，多看评价，看看是不是符合宝宝的年龄段，最后自己上手玩一玩，看看它是否安全。还有，也要看看线上二手店和寄售商店，能否买到一些价廉物美的玩具。

► **老式遥控器或翻盖手机：** 你可能觉得我在开玩笑，其实不是。如果我和我妻子不打算把旧手机或家里的旧电话卖掉，就会把它们放进孩子们的玩具箱里。电话上的按键似乎能为孩子们带来源源不绝的乐趣。

► **婴儿秋千：** 我们生下第一个孩子时，就收到了这样一份礼物，从此它就成了我们客厅里的标志性物品，伴随着我们的四个孩子度过了人生中的前六个月。

► **门框秋千：** 当我想在公共区域做点什么事情时，这就成了一件关键道具，既便宜又有趣，还很容易控制住宝宝。

▶ **食物搅拌机：**关于搅拌机还有件趣事。我妻子曾经和海蒂·克鲁姆①一起上一档真人秀节目，我们回家后，海蒂和她前任丈夫席尔送了我们一台食物搅拌机给艾娃用。通过它你就能决定给宝宝吃些什么。直到今天，我们仍然用它来做早餐的蛋白奶昔，它经受住了时间的考验。

不建议用品

▶ **学步车：**大部分（几乎是全部）儿童学步车已经在市面上消失了。美国儿科学会不建议孩子借助学步车来学习走路，因为它很容易翻倒。

---

①Heidi Klum，德国模特、影视演员。——译者注

第4个月　更从容的奶爸

平均重量	重量相当于
15磅（约合6.8公斤）	一包中号袋狗粮，一条肥硕的白斑狗鱼

你已经被改造过了，你现在是一位幸存者了。

新手爸爸的头三个月是最难熬的。即便对我来说，完成这种身份转换也绝非易事，就算我是兄弟三人中的大哥，也从来没有被人如此全身心地依赖过。

作为成年人，我在大部分时间里显然一直过着以自我为中心的单身生活。订婚和结婚让我在为另一个人承担起人生责任方面迈出了第一步，但成为父亲才真正让我的世界发生了翻天覆地的变化。

你可能觉得头三个月让爸爸妈妈都精疲力竭，希望你们现在都变得更自信了。如果一切顺利，宝宝现在应该已经安顿好了，也建立起了吃饭睡觉的时间规律（但愿如此），这样你也能找到时间和伴侣过过二人世界。

然而，就在你认为自己已经搞定一切的时候，你可能又要面对最具挑战性的一项任务了。我妻子把这段时间称为"圣诞节后第二天"，人们都看到礼物（宝宝）了，兴奋劲儿已经过去，你们喝了太多热可可，被彻夜的节日狂欢折腾得又累又烦躁。你们爱着这份礼物，但生活仍在继续，说真的，日子还是难熬的。

好消息是，无论你知不知道，缺乏睡眠带来的混乱局面正在越变越好。

第 2 阶段	第 4 个月

妈妈状态

- 如果这个阶段妈妈还有母乳，恭喜她！在母乳喂养的过程中，妈妈的身心消耗非常大——宝宝其实是从妈妈身上吸取热量、维生素和矿物质。

- 如果宝宝对乳房表现出抗拒，妈妈就要考虑最近自己是不是吃了什么宝宝不喜欢的东西。辛辣或有强烈味道的食物可能不太合适，最简单的方法是通过减少进食的种类，来判断让宝宝抗拒的食物是什么。

- 我妻子喂养四个孩子都用母乳，但老实说，用什么方式喂没有对错，只有完全不喂才是错的。直接用乳房喂，把母乳泵出来再喂、用供体母乳喂、用配方奶喂……怎样都行，只要宝宝的体重没有减少就好。

- 妈妈的带薪或无薪产假大概都已经休完了，得回去工作了。随之而来的问题有分离焦虑，照顾宝宝的时间安排，吃饭、喂奶、挤奶安排等。

- 产后抑郁症可能在产后几个月才出现。持续一周以上的情绪低落、经常哭泣、缺乏食欲或性欲、有缺陷感或被拒绝感都是需要注意的大问题。

- 产后抑郁症可能出现在妈妈甚至爸爸身上，它和产后情绪低落是不同的（详见前文），应该立刻去看医生。

宝宝状态

- 宝宝的体重通常会增加 0.75 ~ 1.5 磅（约合 0.3 ~ 0.7 公斤）。

- 宝宝的身长和头围都会增加将近 0.5 英寸（约合 1.3 厘米）。

- 宝宝的睡眠更好了，每 24 小时可以睡到 14 ~ 16 小时。但是，正当你调整好了睡眠时间表时，却又要面对令人疲惫的 4 个月

第2阶段	第4个月

"睡眠退行期"。这是指宝宝突然退回到了类似新生儿的睡眠模式，夜间会频繁醒来。虽然宝宝到了8个月、11个月、18个月和两岁时还会出现"睡眠退行期"，但4个月这次会永久改变宝宝的睡眠周期。

- 多数夜间睡眠会增加到6～8个小时。
- 宝宝白天会小睡2～3次，每次1.5～2小时。
- 宝宝一天要喂6～8次，但半夜喂奶的次数变得更少了。如果给宝宝喂配方奶，那么频率可以改为一天4～6次，每次5～7盎司（约合147.9～207.0毫升），每24小时总共喂24～32盎司（约合709.7～946.2毫升）。
- 宝宝可能开始吮吸自己的手指和小手了。
- 宝宝被迫在汽车安全座椅里坐太久后会变得烦躁。
- 留意宝宝做出伏地挺身的小苗头。宝宝趴着时，会尝试着用胳膊将上半身支起来。这个动作支撑不了太久，但多做几次，支撑时间就会越来越久。
- 宝宝可能会做出翻身的动作，所以不要让他独自待在沙发上或床上无人看管。
- 宝宝的力气持续增强，动作技巧越来越纯熟，现在也许能做到：

  坐着的时候可以自己保持头部稳定。

  抓着玩具摇来摇去听响声。

  慢慢地拿起东西再放开。
- 感知功能大幅发展，宝宝已经可以做到：

  学习和探索各种小东西。

  盯着远处的目标。

第 2 阶段	第 4 个月

- 听到声音会做出反应，并可能会寻找声音的来源。
- 被人逗时，会哈哈大笑或咯咯笑。

不容错过的事

- 4 个月体检：参考上次体检的注意事项。告诉医生平时宝宝都做什么，问问他的发育节奏是否正常。毕竟宝宝在体检过程中不一定会乖乖按你说的去做，所以医生需要靠你提供的观察结果来做出判断。这个阶段需要接种的疫苗包括：

    百白破疫苗（由白喉类毒素、破伤风类毒素和百日咳菌苗混合制成）

    Hib 疫苗（B 型流感嗜血杆菌结合疫苗）

    IPV 疫苗（脊髓灰质炎灭活疫苗）

    PCV 疫苗（肺炎球菌结合疫苗）

    RV 疫苗（轮状病毒疫苗）

关于亲密关系的提醒

我们来聊聊性欲。从我的经验来说，在有了孩子后，相当一段时间内一切都不一样了。我妻子有好几个月都没有准备好和我过性生活，但我没意见。她的身体承受了太多，她需要好好恢复，和孩子建立亲密关系，还要适应自己全新的身份。我让她知道，我觉得她无比性感、魅力四射，但我并不想给她压力。我会亲吻她、拥抱她，偶尔还会开玩笑地捏捏她的屁股。尽管我知道她为此心存感激，我也知道她这阵子不容易。该怎么说得委婉一点呢？我得把她和她的乳房区分开。她曾说，当我们快要能够恢复性生活的时候，她就想推开我。她对于自己的乳房和它们本来应该在我们的性生活中担任的角色感到心里很不舒服。她觉得它们暂时成了宝宝的专属用品，因此也就成了我的禁地。她觉得自己很难让乳房在喂养孩子和与我亲热之间"无缝切换"，而我只能尊重她，我也的确是这么做的。我说这些是想说，你要花点时间和你的伴侣谈谈关于性生活的事，要允许由她来主导节奏。正如男人并不总是知道他们"应该有什么感受"一样，女人有时也会陷入自我怀疑。

每月目标

🧰 医疗与健康

打造素食爱好者。就算你不爱吃蔬菜，宝宝可能爱吃。如果给宝宝喂奶的妈妈能在饮食中加入大量蔬菜、水果，那么，接下来的几个月里你们也能轻松地让宝宝爱上吃蔬菜、水果。许多食物的味道是通过妈妈的羊水和乳汁印刻在宝宝的味觉记忆里的，所以，吃得多样化一些——你也一样，奶爸。

缓解长牙的不适。如果宝宝总是咬手指，也许就是牙齿要露头的信号。宝宝自己没办法从冰箱里抓一个冰凉的磨牙圈出来——这是你的工作！为了大家着想，给宝宝一个冰凉的磨牙圈吧。还有一种牙胶手套，可以用魔术贴固定在宝宝的小拳头上，它看上去像连指手套，顶端有一层硅胶软垫。这个年龄段的宝宝还不能灵活地控制磨牙圈，所以牙胶手套是一个让宝宝学着自我安抚的好工具。

👫 双人团队

团队合作换尿片。宝宝学会翻身后，就变得格外活泼，你给他换尿片的时候，他通常是不愿意配合的。如果可以，你和妻子合作，轮流安排一个人抓着宝宝的腿，通过唱歌或说话来吸引他的注意力。

LOVE 亲密时间

把宝宝背在身上。不要害怕带着宝宝去逛你们附近售卖婴儿用品的零售店或精品店。多试几种不同的带宝宝的方法。如果我不能把宝宝背在背上、带在身侧或抱在胸前，那么，无论平时还是周末，我都什么事也干不了。只要你在用火炉或炸锅的时候，不要把宝宝抱在胸前就行。

来一场一日短途旅行。我最喜欢的一张照片，是我用旅行背包把儿子梅森背在身后，在佐治亚州石山的山顶上拍的，我把它用相框裱起来，摆在我的办公室里。躲在家里，待在你的舒适区固然轻松，但走出家门，做一些冒险的事，才能收获难忘的回忆。

第5个月　宝宝要长牙了

平均重量	重量相当于
15~16磅 （约合6.8~7.3公斤）	19英寸平板电视，抹香鲸的大脑， 超重的猫咪

你已经被改造过了，你现在是一位幸存者了。

欢迎来到流口水节！您已获得VIP资格，可以尽情享受整场表演。

宝宝正在经历出牙期的疼痛，没完没了地流口水。我们的四个孩子都在六个月上下长出了第一颗乳牙，在这之前的几个星期，他们都表演过很多场"哇哇单人哭"——我很肯定，因为我在极度沮丧的时候，甚至也参与表演过一两场"哇哇二重哭"。

我们在前文中说过，在宝宝的事情上，一旦你自以为已经掌握了他们的行为规律，就会有一件"里程碑"式事件出现，将你打个措手不及。伴随着每个新的发展阶段，宝宝都会出现新的睡眠模式，饮食习惯也会随之改变，还会经历不少烦躁不安的时刻。

但这只是事情的一面。从光明的、积极的一面来看，宝宝对妈妈爸爸和家庭生活已经适应了不少。他和大人的互动越来越多，情绪、需求和真实个性的流露也更多了。每个画面和声音都会吸引他的注意力。

你也许注意到了，宝宝对身体的控制力正在增强。手指、脚趾和他能抓到的一切东西最后都进了他的嘴巴。虽然这让人既兴奋又有点无奈，但很快你就可以用一样新的东西去填他的小嘴巴了——固体食物。这可是件大事！

第2阶段	第5个月

妈妈状态

- 妈妈应该已经完全适应了家庭新常态。如果你还是担心她有产后抑郁症的倾向，不妨和她聊聊，帮她预约一下医生。

- 如果妈妈还在用母乳喂宝宝，那她现在可能也在考虑什么时候断奶。尽量多听听她的想法，看看你能帮她做些什么。

宝宝状态

- 宝宝的体重增加了 1 ～ 1.5 磅（约合 0.5 ～ 0.7 公斤）。

- 宝宝的身长和头围都增加了将近 1.5 英寸（约合 3.8 厘米）。

- 宝宝每天能睡到大约 15 个小时，其中每晚能睡到 10 ～ 11 个小时。

- 宝宝白天会有 2 ～ 3 次小睡，每次通常睡 1.5 ～ 2 小时。

- 现阶段宝宝吃的仍然以流食为主。

- 宝宝每天要喂 5 ～ 6 次，每 24 小时总共要喂 24 ～ 36 盎司（约合 709.7 ～ 1064.5 毫升）。

- 力量方面，宝宝越来越有劲，翻身也越来越利索。现在宝宝也许已经能稳稳地坐在地板上，并用两只小手保持平衡，甚至还可能站立几秒钟了。

- 运动技巧方面，宝宝现在能抓握玩具，甚至能两手并用，还能努力去探那些够不到的玩具。几乎所有的东西都会被他塞进嘴里。

- 感知能力的发展意味着宝宝会花更长的时间来研究小东西，快速定位某个声音的来源，做更多表情，比如大笑、表达厌恶和烦躁、哭，甚至拒绝。在互动交流结束时，宝宝可能还会哭。

第 2 阶段	第 5 个月

- 宝宝可能要开始长牙了。初期表现就是咬手指，咬一切东西，像排水沟一样哗哗地流口水，下巴或脸蛋上长皮疹。宝宝可能还会揪自己的耳朵——牙龈、耳朵和脸颊都在同一条神经上。你可能还以为宝宝是耳朵疼，但突然间你就会发现，牙龈里冒出一个白色的小点点——出牙了！我发现长牙最难的部分就是乳牙顶穿牙龈的过程，一旦出来了，宝宝就没那么烦躁了。出牙注意事项：下中切牙一般在宝宝 6 ~ 10 个月萌出，下侧切牙一般在 10 ~ 16 个月，上中切牙一般在 8 ~ 12 个月，上侧切牙一般在 9 ~ 13 个月。
- 出牙的早期表现为宝宝明显变得易怒，甚至趴着的时候会把身体撑起来。

不容错过的事
- 妈妈和宝宝都要做体检。

每月目标

✅ 提前计划

制订喂食计划。虽然大多数儿科医生不建议在宝宝六个月前就喂固体食物，但你们可以开始读一读相关内容，聊一聊这方面的事了。

🎥 娱乐总监

挤出二人时间。在宝宝刚出生的几个月里，你和你的伴侣可能总是会与对方擦肩而过，没什么时间共处。你们可能要拼命干活，试着维系整个家庭，让小宝宝快乐地长大，同时在平衡着不同的日程安排。虽然你们没什么自己的时间，但保持沟通还是非常重要的。在刚刚成为父母的那段日子里，我和我妻子会趁着清晨或深夜，往往是宝宝睡着的时候，挤出时间来交流。

在你们建设小家庭的过程中，做到这一点会越来越难，但你必须记着这件事。你们的关系稳固了，孩子也能感受得到。

🔒 医疗与健康

把室外的带进室内。在房间里添加植物是我们一直在做的事，有证据证明，这样可以改善室内空气质量。在房间里摆些花或盆栽，也可以在妻子心里给你加分——双赢。

改善水质。如果你们给宝宝喂配方奶，也许已经知道矿泉水，或至少是过滤水的重要性了吧。我们的公共供水里含有大量重金属甚至药物残留，因此家里安装一套净水系统非常重要，对每个人都是有益的。我们在厨房水槽安装了PUR滤水设备，除了这个品牌外，还有很多价格实惠的设备可供选择。

❤️ 亲密时间

换个新套路。让宝宝躺在你胸前从早到晚看电视很容易，有时这正是你想要的。但既然你读到了这里，我敢肯定你并不赞成这么当爸爸。我明白，我们很容易一成不变、老调重弹。今天你就要改变自己！走条新路，换个地方逛，想点新鲜素材，和宝宝一起玩些不一样的，换个方式交流，看看会发生什么。

💙 加分项

宝宝已经五个月了。随着生活秩序的重新建立，你们应该可以喘口气了。就像和孩子相处一样，你和你的伴侣相处也要防止落入套路、安于现状。试着做些改变，比如，每天夸一夸你的另一半，表达一下你对她的爱。开动脑筋想一想还能做些什么，不管是带束花回家，还是给妈妈放一晚上的假，让她出去和朋友聚一聚，或是做一做她给你列的假日家务活清单，都是可以的。如果这些事你现在都还做不到，那么即便是在她的汽车方向盘上留一张画着爱心的便笺这样简单的小事，也足以让她以愉快的心情度过这一天。

第6个月　"咯咯"笑的小宝宝

平均重量	重量相当于
16磅（约合7.3公斤）	一只腊肠犬，半块金砖，一只秃鹰

你已经来到第6个月了！让小宝宝倍感烦扰的牙齿可能已经长出来了。多留意，第一颗冒头的通常是从下牙床出来的中切齿。

现在是时候开阔烹饪的眼界，给宝宝做些不一样的食物了。当然，85%的食物都以掉到厨房地板上告终，其中的65%最后都会粘到你的鞋底上，或是溅到宝宝的头发上、围嘴上或宝宝椅的托盘上。

我很喜欢这个阶段的原因之一是，宝宝所看所做的都是崭新的。以前，看你的朋友们没完没了地晒"我家宝贝的第一次"

你会厌烦，但现在你终于体会到他们的心情了。你的小家伙有了更强的核心控制能力，动作和感知能力发展得也很快，你和宝宝玩也变得更有乐趣了。

你离"半年里程碑"越来越近了。我猜想你也在期待着宝宝的生命中即将到来的是什么。

第2阶段	第6个月

妈妈状态

- 如果妈妈没能恢复到怀孕之前的体重或体形，她可能会感到难堪或沮丧。很不巧的是，也许你也没能甩掉陪妈妈一起长出来的赘肉。你们俩也许得一起对付妊娠纹、乳房大小的改变、激素水平的持续变化。不过，这部分内容不是为你准备的。多称赞妈妈很漂亮。
- 如果妈妈还在给宝宝喂母乳，她可能打算继续喂下去，也可能准备给孩子断奶了。如果断奶，那么，她就有可能再次怀孕。要记得安全期避孕法不是最可靠的避孕选择。

宝宝状态

- 宝宝平均每天的睡眠时间能达到15个小时——晚上10～11个小时，白天小睡2～3次，共3～4个小时。
- 在儿科医生的指导下，开始给宝宝吃固体食物。
- 这一条存在争议：母乳可能无法给这个阶段的宝宝提供足够的蛋白质、铁、锌和其他维生素。我们的一个孩子直到将近10

第 2 阶段	第 6 个月

个月大才开始吃固体食物，我们只是每天早上给她的饮食里增加了婴儿复合维生素。

- 宝宝开始吃固体食物后，粪便就会发生变化——对闻起来香喷喷的芥末糊状粪便说再见吧——它的颜色会越来越深，最终成为正常粪便的样子。
- 宝宝学会坐了，可以很好地保持头部稳定，还能来回翻身。
- 宝宝长牙了——留意从牙龈里新冒出头的小牙。
- 宝宝能运用他的运动技巧，把地板上的小东西推开或拢过来，双手并用地把小物体或小玩具捡起来，以及把某个东西，或所有东西都塞进嘴里。
- 宝宝喜欢玩简单的游戏，还喜欢研究自己的手指、脚趾、腿和耳朵。
- 宝宝可能会通过声音表达自己的需求了。他每天都会咯咯地笑、哈哈地笑。

不容错过的事

- 6 个月体检：可参考 4 个月体检时的注意事项。把宝宝平时会做的事情列成清单，以便医生可以判断宝宝的发育过程是否一切正常。
- 接种疫苗：美国儿科学会会再次提醒你为宝宝接种以下疫苗，但决定权在宝宝的父母，也就是你们手里：

    IPV 疫苗（脊髓灰质炎灭活疫苗）

    PCV 疫苗（肺炎球菌结合疫苗）

    Hep B 疫苗（乙肝疫苗）

    RV 疫苗（轮状病毒疫苗），疫苗种类取决于疫苗提供者

每月目标

👥 家庭会议

对你们的团队合作做一番回顾。六个月"里程碑"是一个很好的时机，能让你们一起回顾过去，问问自己："我们做得怎么样？哪里做得好？哪里做得不好？作为父母，我们还有什么要改进的？我们照顾到对方、照顾到我们的关系了吗？有什么难点或需要思量的地方吗？"你们可以一起讨论讨论，说说心里话，找一找两个人都能接受的解决方法。

☑️ 提前计划

为宝宝选择食物。宝宝开始吃固体食物后，你们就像打开了一个崭新的世界。研究一下相关的品牌和形式。用食品袋保存食物容易携带，但不够环保。可以考虑把食物做成糊状，冷冻起来，也可以试试别的方法。

考虑起草一份遗嘱。这件事很容易被忽略，但万一你或你的伴侣出了什么事，你们一定希望宝宝有所保障。讨论这件事虽然令人不舒服，但很重要。

🎥 娱乐总监

给宝宝提供活动机会。剧烈或大幅活动的技巧需要不断练习。多为宝宝提供坐、爬、攀等动作的机会。让宝宝坐着、趴着、躺着，舒展胳膊和腿。把他拉起来坐着，用三个支点支撑好，背部挺直，让他站在你的大腿上、胸口上、肚子上弹跳，用你的手指支撑他站起来。

锻炼精细动作的技巧。给宝宝提供各种东西，让他抓住、捡起、握紧，练习他动作的灵巧性。我常常逗宝宝爬向我，丢些小东西在她爬行的路上，让她捡起来。我还会陪她玩手指或手部游戏：拍手、欢迎和击掌都是她爱玩的。我们还会玩指五官游戏：指出鼻子、眼睛、耳朵等。

玩文字游戏。将宝宝的注意力集中到一个词语上，慢慢地说，重复几次，并鼓励宝宝学你说话，最后给他一个大大的奖励。

🔒 医疗与健康

帮宝宝度过长牙期。经常摸一摸宝宝的牙龈。牙齿快要长出来的迹象是流口水、不安易怒、拉肚子、牙龈肿胀、喜欢咬手指或硬的东西。给他一个冷的磨牙圈或冻酸奶棒，可以让他舒服一点。

✊ 照顾自己

评价自己当爸爸当得如何。用这个月回想一下你是哪种类型的爸爸，当你第一次想到"爸爸"这个角色时，你想成为哪种类型的爸爸，这两种类型之间有差距吗？你可能会意识到自己并不像希望的那么有耐心、那么擅长社交、那么果决。也许你还希望能有更多的时间和伴侣过二人世界。把这个月作为一个转折点，努力去成为那种你可以成为的父亲。

评估自己的健康状况。过去这六个月里发生了很多变化。你在回顾的时候，要把自己的身体和情绪状况都做一番审视。如果你需要多关心自己一点，那就这么做吧。

第三章

7～9个月

7~9 个月清单

家 庭

- 如果你还没把婴儿床架放低，就赶快这么做吧。现在宝宝坐直了，很可能凭借围栏自己站起来，所以是时候翻箱倒柜地找出婴儿床的使用手册，把床架降到最低了，否则，宝宝很可能会摔个狗吃屎，结果不是受伤，就是"越狱"，爬到别的地方去。
- 继续留意家里地板上可能会对宝宝造成伤害的东西。记住，宝宝的活动范围可能比你预计的要大得多。

宝 宝

第7个月

- 拓宽宝宝的饮食范围，一次尝试一种食材。
- 可以开始喂手指食物了（详见后文介绍）。
- 如果你们还没带宝宝外出吃过饭，现在就可以尝试了。
- 帮宝宝克服出牙期的烦恼。
- 用各种各样的玩具、游戏、儿歌、故事等，来激发宝宝的活动能力和创造力。

第8个月

- 宝宝的睡前程序要继续保持。他可能会再一次经历睡眠退行期，这种睡前程序能让他躁动的身心平静下来。
- 多给宝宝提供运动、爬行和玩耍的机会。如果你白天不给宝宝活动机会，那宝宝就只好晚上活动了！

第9个月

- 宝宝的家具要安全坚固，好让他能支撑着站起来。那些不太稳当的东西就暂且先挪到别的房间去。

7~9 个月清单

- 继续留意家里的危险物品。记住，宝宝总能够到新的高度，不断给你们惊喜。
- 当宝宝挑战极限的时候，温柔而坚定地对他说"不"。

妈　妈

- 如果妈妈还在给孩子喂母乳，她可能会遇到泵奶、乳腺管堵塞、断奶等问题，也会因为哺乳消耗很多热量，所以她应该多吃各种营养丰富的食物来滋补身体。

医院预约

- 宝宝下一次体检可能要到 9 个月大的时候。在这段时间里，如果你遇到任何问题，马上预约挂号或者给医生打电话，不要犹豫。

教程和小贴士

吃食物

如何制作婴儿辅食

自己制作婴儿辅食没你想的那么难，而且有很多好处，比如，比买现成的更便宜、更健康。具体方法如下。

1. **制作**。你可以用料理机做，也可以手工做。不建议加盐加糖，但你可以用香草和香料来调味，比如肉桂、大蒜、生姜、多香果、罗勒、薄荷等。

2. **存放**。制作好的食物可以倒入有盖子的制冰格，可存放在冰箱里的小容器或者可重复利用的食品袋里，贴上标签，写明内容和制作日期。

3. 储藏。 做好的食物最多可以在冷藏室里存放四天，或冷冻保存三个月，吃之前从冷冻室里拿到冷藏室里，解冻一晚，或者用微波炉的解冻功能来解冻。在喂给宝宝之前，一定要搅拌均匀，先自己尝一尝。

4. 充分利用剩饭剩菜。 吃剩的饭菜或熟透了的香蕉与其扔掉，还不如打成糊状，做成辅食，喂给宝宝吃。

如何过渡到手指食物

一旦宝宝适应了单一食材做成的糊状食品，也似乎做好了过渡到下一步的准备，就该给孩子准备手指食物了。宝宝突然对自己吃的食物有了控制权，他一定会爱上这种感觉。如果你家里还养着一条饥饿的波士顿梗犬，做手指食物剩下的边角料它一定会喜欢吃。

从少量做起。 做手指物的关键是少和软。试试这些做法：

▶ 小块煮熟的意大利面，比如手指面

▶ 薄煎饼，切成小小的块

▶ 谷物圈

▶ 迷你小泡芙

▶ 小块饼干

▶ 小块软干酪或碎芝士

▶ 炒鸡蛋

▶ 切块水果（牛油果、香蕉、梨、桃子、杏、哈密瓜、猕猴桃、杜果、白兰瓜、蓝莓）

▶ 煮熟的切块蔬菜（从胡萝卜、土豆、豌豆开始会比较好）

▶ 碎鸡肉或鱼排

密切关注。你还是得在宝宝吃饭的时候全程监督他。就算只是小块饼干，如果宝宝嘴里塞了一小口，糊状食物也可能会引起窒息。要让宝宝在充分咀嚼吞咽后再吃下一口，一次只喂一两口。

不要喂硬的、圆的或黏性强的食物。你可能是吃着热狗长大的，但现在我们知道热狗是标准的易窒息食物。生的蔬菜、葡萄、葡萄干、爆米花、花生酱等食物也是一样。

辅　食	7~9个月

流质食物
- 奶（配方奶或母乳）
- 水

谷　物
- 大麦
- 燕麦
- 米饭
- 意大利面

蔬　菜
- 冬南瓜
- 四季豆
- 红薯
- 胡萝卜
- 豌豆
- 土豆

水　果
- 苹果
- 牛油果
- 香蕉
- 梨
- 杏
- 蓝莓
- 哈密瓜
- 白兰瓜
- 猕猴桃
- 杧果
- 桃子

蛋白质和乳制品
- 芝士（小块）
- 鸡肉（切碎的）
- 鸡蛋
- 鱼排（切开的）
- 豆腐（小块）

零　食
- 薄饼干

安 抚

如何维持爱的感觉

现在，宝宝已经不是新生儿了，你可能会觉得日子过得飞快，你不能再像过去那样享受怀抱着宝宝的亲密时光了。别害怕，宝宝仍然需要很多的爱和安慰。这里介绍几种方法供你参考：

拯救疲惫的"小探险者"。在宝宝可以离开你去探险时，你的存在对于他安全感的建立是至关重要的。宝宝可能会倒退着爬，没办法爬回你身边，或者爬累了，当他开始烦躁不安时，抱他起来，给他一个大大的拥抱。

安慰出牙期的小家伙。长牙引起的不舒服会让宝宝烦躁不安。抱抱他，帮他按摩一下酸痛的牙龈，好吗？

逐渐建立安全感。到了这个年龄段，有的宝宝就会出现分离焦虑了。你可以帮助宝宝建立信心，让他相信你是可以依靠的人。用轻快积极的方式对他说再见。尽量选在宝宝高兴的时候走开，比如，小睡或吃奶后。多和宝宝玩躲猫猫游戏，让他知道你并不会真正地离开。

遵守睡前程序。如果你们还没有建立睡前程序，那就赶快建立吧。睡前程序就是你们以最舒服的方式待在一起，读书、放松、尽情拥抱，这么做还可以帮你更好地应对宝宝的下一轮睡眠退行期（详见后文）。

睡　眠

如何应对睡眠退行期。在大约3～4个月的时候，宝宝会经历一次睡眠退行期，另一次发生在大约8～10个月的时候。据说这是由宝宝的大脑发展引起的，它会对睡眠模式造成干扰。宝宝睡不着，他在练习新技能，或者只是小脑袋里装了太多东西（你不认同吗）。不过，好消息是，一旦宝宝掌握了他的新技能，正常的睡觉习惯就会恢复，与此同时：

▶ 坚守睡前程序。现在保证固定的睡前程序非常重要。洗个澡、读读书，灯光调暗——从各方面让宝宝知道该睡觉了。

▶ 允许宝宝白天好好小睡。当宝宝晚上的睡眠时间打折扣之后，其实白天他需要更多的小睡时间。疲累过头的宝宝反而会更难入睡。

学习和游戏
如何让游戏对你来说也充满乐趣

是的，宝宝喜欢做游戏，躲猫猫、拍拍手、唱"小小蜘蛛"和"小猪宝宝"的儿歌、做"欢迎一下"、做"眼睛——鼻子——嘴巴"五官操、玩"肚皮吹吹"游戏，等等。但如果你想提升游戏的娱乐价值，让自己也玩得开心点，请参考以下内容。

玩过家家。我不是戏剧专业的。虽然我指导过独角喜剧，但从来没有亲自上台表演过。不过，我始终有种疯狂耍宝的天赋（不管有没有酒精的帮助）。恐怕没有比小宝宝更好的观众了——他绝不会对你评头论足，恰恰相反。所以，释放你内心深处的"窈窕奶爸"，给自己制造点乐趣吧。

分享你和宝宝都喜欢的摇篮曲。《乖乖睡，宝贝！》（*Rockabye Baby!*）是一个系列专辑，把80多首你们喜欢的乐队金曲改编为摇篮曲。这是一个绝佳的方式，让你可以把自己喜欢的音乐分享给小宝宝，又不用担心强烈的鼓点震坏他的耳膜。

清 洁

如何保持良好的口腔卫生

宝宝的牙蕾顶出来了，你也要做好准备了。这里我要介绍一些帮助宝宝维持口腔卫生的做法。

立即开始。 第一颗牙一长出来，你就要在宝宝每餐后把它清理干净。你可以用湿巾、纱布、手指或牙刷，来清洁小牙齿和舌头的前端。如果你用牙刷，记得要选择刷毛非常柔软的婴儿专用牙刷。

选择牙膏。 要选择适合儿童的牙膏品牌。

保　护

如何让你的家对宝宝更安全：第二部分

当小家伙的活动能力进一步加强后，为了保证他的安全，也为了你能放心，你要未雨绸缪，提前排查隐患，尤其要注意厨房、浴室和宝宝房。

▶ 在宝宝的高度禁止出现任何清洁用品。把它们往高处放！

▶ 在不同房间之间和楼梯的上、下两端安装宝宝安全门，降低宝宝从楼梯跌落、探出阳台或从楼梯扶手、柱子和栏杆翻出的风险。

▶ 沉重的家具要固定好，比如衣柜、床头柜或茶几。如果宝宝能借助这些家具的支撑自己站起来，那么，他的体重也可能会把家具拉倒，砸在他身上。床头柜和茶几上的东西也应该清理干净，防止掉落下来造成危险。

▶ 台灯、笔记本电脑、厨房电器、吹风机、直发器等的电线要收起来或藏好，防止你家的小爬行者触碰。

▶ 准备一打插座保护器，把家里的电源插座通通插好。这对小家伙的哥哥姐姐们来说是个很好的任务，你只要检查一下有没有被他们遗漏的。

▶ 当心壁炉、踢脚线取暖器、便携式地板加热器、火炉、散热器等设备。用便携式婴儿门阻止宝宝靠近它们。

▶ 室内植物对空气有好处，但可能会对宝宝不利。如果懵懂无知的宝宝吃了叶子和泥土等，可能会中毒。

▶ 确保家里所有的门都安装了儿童安全门门把手盖（就是那种连我们自己都打不开的门把手盖）。一楼以上的窗户要安装窗锁或安全护栏。

▶ 说到门把手盖，你最好也要购买安装一些烤箱和炉灶用的儿童安全旋钮盖，如果你家厨房用的是燃气，就更要注意这一点。

▶ 除了清洁用品外，化妆品和护发用品也应该放到高处。安装门锁或防护栏，让宝宝无法进入卫生间或靠近梳妆台。既然说到保护宝宝的话题——请一定给马桶刷找个更妥帖的位置。我无法想象当宝宝和马桶刷"亲密接触"后，你要给他洗多长时间的澡才行。

▶ 一些不太高的家具，比如咖啡桌、茶几和床头柜等，要对桌面做进一步检查，看看上面有没有容易引起窒息的物品，比如药瓶、玻璃物品等。

▶ 别忘了检查：

- 窗帘或帷幔的绳子
- 宠物的食盆和水碗
- 害虫诱捕器
- 药瓶
- 玻璃物品
- 带有可活动部件的健身器材

自制清洁剂

我们讨论过，对于宝宝接触的所有东西来说，是否干净很重要，你用什么清洁剂把它们弄干净同样重要。不妨自己制作健康、安全、能有效消毒的清洁剂。

1.将4杯水、1/4杯醋和1汤匙小苏打混合。

2.加入大约12滴茶树精油或薰衣草精油，或取半个柠檬榨汁，加入混合溶液。

3.制作好的溶液可以为一般区域消毒，比如儿童餐椅的椅面、换尿片台、砧板、水槽、卫生间等。使用前，先充分摇匀。

儿　科

如何治疗常见疾病

日托中心带给宝宝的除了玩乐外，还有细菌。无论宝宝是去日托中心，还是和你一起待在家里，他最终都会接触某些细菌并因此生病。下面我要介绍一些常见疾病的症状和治疗方法。

感冒。患上感冒对宝宝来说是个大问题，因为宝宝还不知道怎么用嘴呼吸。想象一下鼻塞的时候吮吸奶嘴或乳头是一件多么困难的事！但是，当宝宝感冒时，多补充水分是很重要的。给儿科医生打电话，请他给些建议。医生也许会推荐你使用生理盐水滴鼻液来稀释鼻涕，然后，用吸鼻器把水和鼻涕吸出来。把冷雾加湿器打开。如果宝宝发烧，那是他的身体正在对抗感染。儿科医生会告诉你一些退烧方法。

呼吸道合胞病毒RSV（respiratory syncytial virus）。会引起肺部和呼吸道的感染。虽然这是一种常见疾病，但在严重的情况下，宝宝可能需要住院治疗。轻度的RSV感染表现为干咳、低烧、鼻塞或流鼻涕、喉咙痛，严重的RSV感染症状包括气喘、发烧、严重咳嗽、呼吸困难或呼吸短促、疲劳、食欲下降、易怒。如果宝宝呼吸困难，锁骨和胸腔都像是随着呼吸在向内收缩，或者嘴唇也开始发紫，立刻带宝宝去医院，别在家里等医生回复了。我和我的妻子刚刚经历过一次这样的危机，生病的是我们最小的孩子伊芙琳。这样的危机好像总是会发生在医生放假回家的时候，成为周末最让人担心的事情。在这种情况下，相信你的直觉。如果要在凌晨三点带孩子去附近的儿童医院，那该去也得去。在我写这本书的过程中，伊芙琳有过两次这样的情况，一次是因为RSV，另一次是因为人偏肺病毒HMPV（human metapneumovirus）。她在儿科的ICU病房住了好几天，虽然心里很难受，但我知道只有在那里，她才能好起来。

耳部感染。婴儿的耳道还没有完全发育，它又短又宽，极易受到感染。耳部感染往往伴随易怒、发烧和疼痛等表现，如果宝宝总是拉拽自己的耳朵，或平躺状态时总是哭闹，就要加以留意了。医生通常会用抗生素来给宝宝退烧、缓解疼痛，并用热敷布敷一敷受感染的耳朵。有些倡导自然疗法的网站会推荐一些安全的精油，你可以试试。

柯萨奇病毒。这种常见的病毒会引起发烧（在一半案例中只有发烧这一种症状）以及手足口病，伴随皮疹或口咽部疱疹（会导致吞咽疼痛）以及手部、脚部的疱疹和结膜炎（红眼病）。这种病毒无法用抗生素治疗，咨询一下医生，他会根据症状来决定治疗方案。

义膜性喉炎。这种犬吠样的咳嗽声会令父母非常不安。我们的第三个孩子当时就是这样，我们在凌晨一点叫来了医护人员，因为那种咳嗽声实在是太可怕了。这种病大多是由病毒感染引起的，它会阻塞气道，引起类似狗叫的声音。没错，立刻叫医生，但与此同时，你可以让宝宝待在一间充满蒸汽的屋子里，这有助于缓解他的不适感。冲个热水澡，然后，把宝宝转移到浴室里，关上门，让宝宝呼吸水蒸气。

结膜炎。也称红眼病，这种眼部感染会导致单眼或双眼发红、流脓、大量流泪和瘙痒。这种病传染性很强，但用含抗生素的眼药水或药膏很容易治愈。

关于退烧或止痛的用药说明：布洛芬是一种有效的止痛退烧药。有研究表明，泰诺虽然也能退烧，但没有什么止痛效果。另外，小泰诺的药效极强，就算按照儿童的剂量给宝宝服用，也很可能引起肝损伤。因此，一定要按照包装上的用药说明来服用。

关于感冒药的说明：两岁以下幼儿不能服用感冒药和止咳药。

婴儿用品

必备用品

▶ **学饮杯**：杯子底部有重力球，你可以把它放在高脚椅的托盘上，也可以鼓励小宝宝多端起水杯喝水，而不是随手放在地上，教给小宝宝如何用水杯。

▶ **可夹式高脚椅**：这种座椅平时可以在餐桌边使用，非常方便。此外，当你某天下午五点早早预约了餐厅，想带着宝宝出去吃饭时，它也可以派上用场。只要看看准备固定的餐桌够不够稳固，能不能承受宝宝的重量。

▶ **婴儿吊带/婴儿背带**：我在前文中提到过这个吗？没关系，我再说一遍：如果不是把宝宝绑在胸前，我什么事也干不了。

▶ **婴儿牙刷**：为宝宝选一把软毛牙刷，再选一支婴儿牙膏。

可备用品

▶ **重型婴儿车**：把宝宝的代步工具从便携婴儿车升级换代，没有比这更棒的事情了！重型婴儿车增加了顶棚，座椅底部的背后也增加了储物袋。顶棚可以遮挡太阳、阻隔恶劣天气，储物袋可以让你存放饮料、零食、小毯子等。

▶ **购物车内衬**：这东西比我想的好用得多。它不仅可以衬在购物车前部的座位里，还可以兼作椅垫，大多数餐厅提供的高脚椅它都适用——那些椅子可都是最可怕的细菌温床。

▶ **便携式可弹出婴儿床/旅行婴儿床**：这些年来我们用过一两个这样的婴儿床，当你们外出游玩时、去亲戚家做客时或住酒店时，会发现它非常好用。如果你们经常带孩子去奶奶家，就在那里放一个。我保证奶奶不会介意的！

▶ **游乐场**：我们家也管它叫"宝宝监狱"。它有弹出式的，也有折叠式的，带有可拆卸和安装的部件。当你们带宝宝去海滩或公园时，带上它，再配上一把阳伞，就会很方便。

▶ **动作和反应训练玩具**：鼓励宝宝满怀好奇去探索，对于他的发展至关重要。可以试试这些玩具：

- 不同大小的圆环
- 活动木立方
- 可以滚动的球
- 可以鼓励宝宝站起来的玩具
- 色彩丰富的纸板书
- 感知训练纸板书（《那个不是我的》系列图书很不错，由厄斯伯恩出版社出版）
- 会振动的牙胶
- 玩具手机或玩具平板电脑
- 会唱歌或播放音乐的发声玩具

高能育儿贴士

如果你买了发声玩具，花几分钟听听玩具发出的声响总是没错的。因为你要忍受这些玩具整天在身边给你造成精神痛苦。芝麻街玩偶艾摩很有趣，但听多了也会腻；《鲨鱼宝宝》很可爱，但听多了你宁愿把车停在休息站，把自己反锁在洗手间里，再也不想出来。好好选选吧，新手奶爸！

▶ **户外婴儿背架**：如果宝宝的颈部肌肉已经很强健，能够完全支撑起自己的头部，你就可以背着他去远足，或去公园走走，甚至顺路去百货店转一圈。

不建议用品

▶ **新鲜食物喂食器**：网状或硅胶的喂食器在我们家里从来都不受欢迎。它好像给宝宝带来了更多挫折，而不是益处。

▶ **出牙药片**：我们给第一个和第二个孩子都试过了，但接下来的两个孩子没有再用。总的来说，这种产品并没有起到它所宣称的缓解作用。

▶ **防滑婴儿护膝：**认真的吗？

第7个月 宝宝，站起来

平均重量	重量相当于
16~17磅（约合7.3~7.7公斤）	28卷厕纸

我的朋友们总说，你在这几个月里会意识到新生儿长大是一件多么容易的事。我是开玩笑的，但也不全是玩笑。

实际上，在困难重重的前六个月里，宝宝的状态通常被称为"盆栽植物阶段"，意思是你把他放在哪儿，他就一直在哪儿。而到了这三个月，"盆栽植物"的状态一去不复返了。这就意味着在很多情况下，应该说在绝大多数情况下，你都要留意宝宝，保持警惕。不过，好消息是，这个阶段会有有趣的发展"里程碑"等着你，宝宝的身体会取得明显进步。

这几个月辅食的范围也将增大。我们在养育第一个孩子的时候，儿科医生不建议在孩子一岁以内就喂他容易引起过敏的食物（比如，乳制品和草莓）。现在，我们养育到第四个孩子了，而儿科医生也改变了一些观点，认为孩子很有必要在一岁之前尝遍每一种食物（蜂蜜除外）。显然，让父母等到宝宝大一点后再给他喂坚果，反而会增加过敏风险。你们的医生可能会有不同说法。无论如何，有机婴儿谷物都是敲开辅食大门的传统"敲门砖"。我们每天只给孩子喂一顿谷物，晚上喂，因为（从自私的角度）这一餐可以让宝宝的饱腹感维持得更久一点，晚上也能睡得更香一点。希望这么做是有用的！

第3阶段	第7个月
妈妈状态 ● 如果妈妈还在给宝宝喂母乳，她可能面临的问题包括泵奶、乳腺管堵塞或断奶。 **宝宝状态** ● 宝宝身体上的发育可能没那么明显。 ● 宝宝每晚应该睡够9～11个小时。 ● 宝宝白天可能会睡3～4个小时，包括上午和下午的小睡。 ● 继续长牙，小乳牙可能露出头了。	

第3阶段	第7个月

- 就算宝宝开始吃辅食了，他的主要营养来源仍然是母乳或配方牛奶。
- 宝宝每天要吃 4 ~ 6 次奶，合计 24 ~ 30 盎司（约合 709.7 ~ 887.1 毫升）。
- 如果宝宝开始吃辅食了，每天的摄入量应该在 3 ~ 9 大勺。
- 宝宝开始对"不"这个词有反应了。
- 宝宝开始对某些东西，比如大笑声、吹到脸上的凉风、吹出的泡泡和大人在他小肚皮上的"吹奏声"有反应了。
- 分离焦虑真的存在。宝宝可能一被人放下就开始哭，可能极度依恋主要照顾他的人。他能够分得清陌生人和家人。
- 宝宝应该能做到这些：自己站起来，不需要支撑自己坐着，猛冲几步，横着走以及（或者）爬行。宝宝会寻找掉落的玩具，能主动去够或捡起自己喜欢的玩具。
- 宝宝可能在学着抱住杯子，从里面喝水，以及（或者）从勺子里吃东西。
- 宝宝的个性正在发展，也开始学着说几个词语，模仿大人说话的方式了。

不容错过的事

- 本月没有体检。

每月目标

照顾自己

释放体内的野兽。去健身房，你甚至可以考虑在提供宝宝托管服务的健身房办个全家会员套餐。我们在弗吉尼亚州的健身房里就有一个非常棒的托管场地，可以容纳各种年龄的孩子：有可以让低龄宝宝爬来爬去的空间，也有给十几岁孩子准备的电子游戏区。他们可以帮我们照看宝宝长达两个小时，我们可以利用这段时间练练肌肉，出出气，舒缓压力（也可以在桑拿房里吸点蒸汽，就像我妻子喜欢做的那样）。

修理工

列个日程表。自从孩子出生以后，你忘了多少特殊的日子？希望没造成什么严重的后果。但如果你品尝过因为忘记结婚纪念日、你妻子跟你冷战的滋味，这个月就抽点时间出来，在纸上或电子日历上记下所有重要的日子和约会吧。如果你总是记不住去干洗店取回洗好的衣服，也应该列张待办事项清单了。在床头柜上准备个便笺本，或者在手机上下载一个备忘录应用，毕竟你总是会在凌晨三点想起大部分待办事项。

🏥 医疗与健康

学习急救知识。报一个心肺复苏术的课程，学习一下海姆立克腹部冲击法。万一你的孩子窒息或停止呼吸了，知道该怎么做是你作为父母可以为孩子做得最好的保险措施之一，它能让你临危不乱。如果孩子的奶奶和你最信赖的保姆也想学习，你也可以带她们去听听课。

🎥 娱乐总监

出去吃饭。这是不可避免的。在某些时候，你总得把孩子带到外面的世界来，比如餐馆。希望你已经这么做过了。如果还没做，记得带上可夹式高脚椅、围嘴、一些小玩具、泡芙或预先切好的手指食物，然后，就去照亮这座城市吧！

第8个月 小小人儿满地爬

平均重量	重量相当于
17~18 磅（约合 7.7~8.2 公斤）	一个小桶，77 个蓝莓玛芬

这个阶段最好的一点是，宝宝开始对周围的一切都有了不可思议的反应——你的脸，熟悉的宠物，有趣的儿歌（《鲨鱼宝宝》好几次都听得我偏头痛，但伊芙琳每次听到就会立刻平静下来）。宝宝也可能很容易被吓到，或是不停地咯咯笑，有人提高嗓门说话时（在我们这样规模的家庭中，这种情况每天都得发生好几次），你会看到他扬起眉毛，密切地关注着声音的来源。

有孩子之前，我从没想过这些小家伙会"霸占"我们的卧室这么久。当然，不是每个家庭都会采用这种模式，但这对我们确实很奏效。

今年的前半年里，我们一直采取"共卧模式"，但最近宝宝开始蜷缩着贴着我妻子睡觉，而我妻子整晚都面朝床中间，露着一只乳房睡觉。伊芙琳霸占了那个乳头，她随时都找得到它（用不着戴夜视镜），这样一来，夜间随时喂奶对我妻子来说就变得很方便，第二天上班也不会犯困。另外，我觉得共卧增加了许多妈妈和宝宝相拥的时间，这让她早上出门上班变得容易了许多。记住，这种模式只对我们有效，我无意与专家告诉你的观点唱反调。再说一遍，我不是儿科权威斯波克医生，我只是个实战经验丰富的奶爸。

第 3 阶段	第 8 个月
妈妈状态 ● 如果妈妈还在给宝宝喂母乳，她可能面临的问题包括泵奶、宝宝拒绝吃奶、乳腺管堵塞或断奶。 **宝宝状态** ● 宝宝每晚能睡 9～11 个小时。 ● 宝宝白天会小睡两次以上，上午和下午都有，总共 3～4 个小时。	

第3阶段	第8个月

- 宝宝每天会喝24～30盎司奶（约合709.7～887.1毫升），但增加了辅食后，液体摄入量会有所下降。
- 宝宝每天会吃2～3餐，总共吃下4～9汤匙的谷物、水果和蔬菜。
- 本月宝宝的体重只会增加1磅（约合0.5公斤）。
- 宝宝的身长会增加3/8英寸（约合1.0厘米），头围没有明显变化。
- 宝宝已经爬得非常熟练了，也能借助东西的支撑轻松起来。
- 宝宝在大笑、探索、发现、学习。
- 宝宝在试着发出元音——A、E、I、O、U！
- 宝宝可能会把积木块扔出去，或砸在别的东西上，扔出、抓住或丢掉玩具球，把一件东西塞进另一件东西里。
- 宝宝在自我探索：拉拽自己的耳朵和鼻子，发现自己的生殖器。
- 物体永恒存在的概念正在形成，比如，当妈妈或爸爸离开房间，宝宝会知道他们没有消失，并可能会叫他们回来。
- 宝宝能够坐直（不依靠外力辅助），并会观察周围的一切。
- 宝宝可以将动作和词语的意思联系起来了，比如，挥挥手和说"再见"。
- 宝宝也许能说叠词了，比如，"妈妈"或"爸爸"。
- 宝宝的思维过程变得更加复杂了。

不容错过的事
- 本月没有体检。

每月目标

家庭会议

寻找双人合作的机会。你们可能已经进入了按部就班的阶段了，但总还有进步的空间。看看有什么家务活儿是你的伴侣需要利用休息时间匆匆忙忙地做，而她又不喜欢做的，比如，洗碗或叠衣服。帮她做这些事，对她说："换人吧，我来接手。"更加分的做法是，把这些事长期接手，变成你的分内事。

每天做一次清扫。每天晚上，我都会把小宝宝吃剩的泡芙、大宝宝们丢下的各种碎渣、宠物身上掉下来的毛团等杂物，用吸尘器吸一遍或清扫一遍。还在爬行阶段的宝宝，会把抓到的任何东西都塞进嘴里。任何东西在落地后五秒内捡起来就不算脏的"五秒法则"在这里并不适用。你们两人还是通力合作，不放过漏网之鱼吧。

🎥 娱乐总监

安排一次宝宝约会。你还有社交吗？见过别的爸妈吗？你单独带宝宝出去，没有妈妈跟随的次数，你用一只手就能数得过来，是吗？告诉妈妈尽管放宽心，你会带宝宝出去来一次约会。在附近的街区散散步，去操场或图书馆走一走，或者在五金商店的产品货架之间流连一会儿。

去一些有趣的地方。宝宝到了这个年纪，真的要开始适应周围环境了。从这个月起，开始尝试一些全新的家庭体验吧，比如，去动物园或参加狂欢节。如果你够勇敢，甚至可以试着带宝宝去音乐节或州博览会。到宠物动物园摸摸动物，多拍些照片，然后，记得给宝宝洗手。

第9个月 "咿咿呀呀"要说话

平均重量	重量相当于
18磅（约合8.2公斤）	足够大家饱餐一顿的感恩节火鸡

我在上个月的内容里提到了《鲨鱼宝宝》这首儿歌，它是我偏头痛的罪魁祸首。但最近这些日子里，这首歌与刚刚长出新牙的宝宝真是完美匹配，对妈妈来说尤其如此。你简直会以为那些小小白白的尖尖是用来切开银行金库的激光刀！我听到了我妻子发出痛苦的尖叫，小家伙吃个奶几乎要把整个左乳头都咬下来了，血肉模糊。拿出你的团队精神——找几个橡胶的磨牙玩具给宝宝，快！

对我们来说，宝宝出生后的第一年也是保护宝宝不受伤害最难的一年。一旦你家的小调皮鬼开始到处爬，慢慢学会走路，你就应该全面防御了。记住——所有的东西都要往高处放。最好的做法是再次四肢着地，亲自在家里爬一圈——假装自己就是宝宝，现在进入一片全新的游乐场。你一定会惊讶，就在我们的小腿高度竟然有这么多杂物！先别崩溃——列个清单，一次清理一个房间。你可以用宝宝安全门或宝宝监狱来控制他的活动范围。

这个月你可以问儿科医生一些不适合在网上问的问题，比如，"有时候宝宝会用斜眼瞟我，这正常吗"，或者"宝宝刚才吃了狗粮，现在该怎么办"。

第3阶段	第9个月
妈妈状态 ● 如果妈妈仍然在给宝宝喂母乳，她可能面临的问题包括泵奶、由于乳汁分泌减少而导致宝宝拒吸母乳、乳腺管堵塞或断奶。 **宝宝状态** ● 宝宝平均每晚会睡上 10～12 个小时。 ● 宝宝白天会小睡两次，时长约为 1.5～2 个小时。 ● 喂母乳的宝宝：每天吃 4～5 次，共摄入 24～30 盎司（约合709.7～887.1 毫升）。随着宝宝辅食吃得越来越多，母乳摄入量会逐渐减少。	

第 3 阶段	第 9 个月

- 喂配方奶的宝宝：每天喝 3 ~ 4 瓶，每瓶 7 ~ 8 盎司（约合 207.0 ~ 236.6 毫升），共计 21 ~ 32 盎司（约合 621.0 ~ 946.2 毫升）。随着宝宝辅食吃得越来越多，配方奶的摄入量会逐渐减少。

- 宝宝每天会吃 2 ~ 3 餐，总共吃掉 4 ~ 9 汤匙的谷物、水果和蔬菜。

- 手指食物大受欢迎。宝宝每天可以吃掉 1 ~ 6 汤匙的红肉、鸡肉、鱼肉、豆腐、蛋或豆类。注意：宝宝还不能充分消化吃下去的食物，所以东西排出来和吃进去时的样子看起来都差不多。

- 宝宝可能喜欢像扣子、棍子和拨号盘这样的玩具。

- 宝宝已经爬得非常好了，现在正努力自己站起来，也可以在大人的帮助下保持站姿了。

- 宝宝现在会有意识地通过一些动作和玩具的声音来吸引大人的注意了，也学会了用指、拍手和挥舞胳膊来获取关注。

- 宝宝咿咿呀呀，试着把音节连在一起，说出熟悉的词语。

- 宝宝开始测试自己的极限，看着爸爸妈妈时，会非常专注地留意他们的反应。

- 宝宝对陌生访客没什么兴趣，大部分精力都专注于爸爸妈妈和哥哥姐姐。

不容错过的事

- 9 个月体检：参考 6 个月体检时的注意事项。认真咨询医生，确认宝宝的发展程度没有落后于平均水平。这些信息可能是医生需要了解的：

第3阶段	第9个月

宝宝的体重、身长和头围。

对宝宝发育迟缓进行早期识别的筛查测试。

关于饮食习惯、排便情况变化的信息。

每天的睡觉习惯。

宝宝叫"妈妈"或"爸爸"了吗；能听懂"不行"的意思吗？

宝宝能不依靠外力支撑自己坐着吗？能依靠支撑自己站起来吗？

宝宝能扶着家具走路吗？

宝宝对躲猫猫这样的游戏有反应吗？

疫苗接种方面。

美国儿科学会会建议你带宝宝接种流感疫苗。

　　如果你有自己的疫苗接种时间表，趁着这次体检，把错过的疫苗补打一下。

每月目标

⚠️ 修理工

把你的锤子找出来。你应该有好一阵子没做过修修补补的粗活儿了，但家里一定有这样的工作等着你来做。这个月，看看妻子给你列的家务活清单上你能完成哪些，比如，把画挂起来，把洞补上。你的手艺活儿可不能生疏，不知不觉中，宝宝就会长大到要你为他建一座树屋的年纪了。

继续严密保护宝宝安全。你们要分工合作，轮流查看家里有什么新的危险出现。时刻保持警惕——养成无论何时何地，把宝宝放下之前都先扫视一遍周围环境的习惯。花上五分钟时间，带着挑剔的眼光把家里的每个房间都巡视一遍。尽量经常这么做——最理想的频率是每天一遍。最好与妻子配合着做——多一双眼睛就能看到不同的东西。带宝宝去别人家时，也要保持这样的警觉——不同的家有不同的危险。

👥 家庭会议

更新重要的数字。花几分钟时间弄清楚你们当地的紧急电话号码。如果你们找信得过的保姆来照顾宝宝，那么这些号码他也许会用得上，万一在你们眼皮子底下宝宝出了什么意外，你们自己也用得上。这些号码包括中毒防治中心电话、儿科医生的电话、你们可能认识的任何方面专家的电话、医院急诊室电话、在危难之际能助你一臂之力的某位邻居的电话……就算家人不在你身边，你也必须得有个自己的人际圈子，应该说，家人不在你身边时尤其应该如此。在我们社区，邻居就是我们的人际圈子，我们都会相互帮忙照顾孩子。

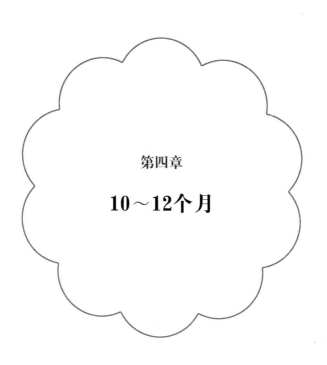

第四章

10～12个月

10～12个月清单

家　庭

- 现在开始要把更高的区域也列入你的审查范围内，以保护宝宝安全。宝宝也许已经能够支撑着自己站起来了，所以这些地方也要一并检查——桌面、沙发和椅垫、抽水马桶、床，等等。要确认卫生间是锁着的，或者是有防护设施、没有危险的。
- 宝宝可以把灯、椅子、凳子、炉子或洗碗机的门都拽下来，所以当他在家里四处游荡时，一定要看护好他，家里要换成坚固又安全的家具，在他到处转悠时给他支持。
- 要保证宝宝安全门坚固、防护性好，宝宝无法靠自己的体重撞翻楼梯尽头的门。不想让宝宝进去的房间，比如，卫生间、地下室、车库和哥哥姐姐房间，记得把门关好。

宝　宝

第10个月

- 到了第10个月，有将近75%的宝宝可以一觉睡到大天亮了。如果你家宝宝属于那25%的范围，也许你可以考虑进行睡眠训练，虽然我个人并不支持这种做法。
- 如果宝宝开始测试自己的极限了，你也许会对他"花式坑自己"的各种方法大吃一惊。保证他的安全，对他的试探温柔而坚定地说"不行"。

第11个月

- 让宝宝接触各种不同的食物。要知道，宝宝要经过8～12次的尝试，才能判断出他是喜欢吃还是不感兴趣。如果他暂时不喜欢，过一阵子再试着让他尝尝。
- 让宝宝接触不同的材质。它们的触感对宝宝的发展非常重要，有助于他们发展得更全面，对各种材质的接受度更高。

10～12 个月清单

- 每天都给宝宝读故事，把东西指给他看，教他辨认，然后不断重复。
- 你可以开始强化宝宝的良好行为，并给予表扬了。
- 你可以通过调整说话语气来纠正宝宝的不恰当行为。没必要大喊大叫，让宝宝通过你的语气，而不是音量来学习。等宝宝再长大一点，你也可以斜他一眼表达你的不赞同（也就是给他个"眼色"）。

第 12 个月

- 给宝宝穿衣服的时候，让宝宝协助爸爸妈妈，比如，抬抬胳膊，伸伸腿。
- 现在可以改用普通牛奶喂宝宝了，但是，在他两岁生日之前，不要喂低脂牛奶。
- 要保持警惕，不要放松。到了这个年纪，宝宝还在测试极限，比如，爬上楼梯，或者往地板上扔食物，看看你什么时候才会制止他，再或者探索一些之前没探索过的事物。温柔但坚定地对他说"不行"，把他拉开。
- 别忘了这个月要迎来的所有大事件——该给宝宝拍一周岁照片，策划一场生日派对了！

教程和小贴士

吃饭

如何培养好的吃饭习惯

吃饭是为了活着，还是活着是为了吃饭？你的宝宝很可能会模仿你的习惯，所以，帮助他养成好的吃饭习惯吧。这里有一些可供参考的小建议。

大家一起吃饭。当宝宝吃饭的时候，你也要尽可能地坐下来陪他。你陪着他一起吃，他会观察你，向你学习（所以，记得用餐巾纸）。这么做也建立了进餐时间，特别是晚餐时间的仪式感，等宝宝再长大一点后，你们每天就有了最完美的家庭时间。

要鼓励，不要强迫。如果你在宝宝选择吃什么的问题上大惊小怪，这反而会成为问题。你就让他去吃，如果他在试过几次后确实不喜欢某种食物，那就算了。你可以以后再让他尝试。

要吃得五颜六色。一只彩色的盘子比一只纯色的盘子有趣多了。同理，五颜六色的食物也意味着丰富的营养。把红色、黄色、蓝色，当然还有绿色的食材一起端上餐桌吧！

不要害怕绿色蔬菜。不要让你可能对绿色蔬菜存在的偏见影响你的宝宝。一切都可以尝试。把新鲜的西蓝花切碎，用一点黄油煎一下给宝宝吃，可能会让宝宝从此爱上吃菜。烘烤是另一种让宝宝爱吃菜的做法，比如，烤甘蓝和烤西蓝花，还有烤冬南瓜——能把食物本身的甜味带出来。只要把蔬菜切成宝宝能吃的小块就好。

不要多放盐。不往宝宝的食物里额外加盐是个好习惯。食物本身含有的味道对宝宝来说已经足够了，你也不会希望宝宝对调料上瘾。如果想给饮食添加点风味，你可以试试别的食物、香料或香草，比如肉桂、肉豆蔻、生姜、大蒜、罗勒、莳萝、牛至、韭菜、胡椒、咖喱粉、帕尔马干酪或其他奶酪、油、醋和柠檬汁。只要记得不要在宝宝一岁前给他吃蜂蜜就好。

选择天然食品。当然，宝宝可能会喜欢一些像罐头浓汤、奶油蛋糕之类的食物，但是，加工食物往往含有大量精盐、糖以及其他成分，这会让宝宝迅速习惯于重口味，且不利于健康。尽可能给宝宝吃天然食品。试着自己在家煲汤、做奶酪通心粉、调意大利面的酱汁或做鹰嘴豆泥。比起买现成的，在家自己做更好，而且真的不难做。

发挥创意。你提供的选择越多，宝宝接触得就越多，也就越容易接受新鲜食物。我和我的妻子开办了一个美食博客，名叫"午餐盒关不住的创意美食"（Think Outside the Lunchbox），最初就是从简单的宝宝餐和幼儿园午餐的创意开始，慢慢发散。别总吃豌豆和胡萝卜，除了这些外，你还可以考虑以下食材：

▶ 乳制品：白软干酪、酸奶、美国干酪、切达干酪，或者像蒙

特里杰克奶酪或帕尔马干酪这样味道比较温和的奶酪

▶ 水果：木瓜、西瓜、李子和草莓

▶ 蔬菜：蒸菜花或芦笋，切成丁的红薯或烤茄子，切碎的烤四季豆或冬南瓜

▶ 谷物：藜麦、蒸粗麦粉、糙米和苋菜

辅　食	10~12 个月
流质食物	
● 奶（配方奶或母乳）	● 水
谷　物	
● 大麦	● 燕麦
● 意大利面	● 大米
● 苋菜	● 糙米
● 蒸粗麦粉	● 藜麦
蔬　菜	
● 冬南瓜	● 胡萝卜
● 四季豆	● 豌豆
● 土豆	● 红薯
● 芦笋（切碎）	● 菜花
● 茄子	

辅　食	10~12 个月
水　果	
● 苹果	● 杏
● 牛油果	● 香蕉
● 蓝莓	● 哈密瓜
● 白兰瓜	● 猕猴桃
● 杧果	● 桃子
● 梨	● 木瓜
● 李子	● 草莓
● 西瓜	
蛋白质和乳制品	
● 芝士（小块）	● 鸡肉（切碎的）
● 鸡蛋	● 鱼排（切开的）
● 豆腐（小块）	● 白软干酪
● 酸奶	
零　食	
● 薄饼干	● 自制玛芬或薄煎饼

学习和游戏

突破创意的界限

如果你的孩子没有被送去托管机构，你们家里或双方父母家里（能照看宝宝的人）也没有时间陪宝宝玩创意游戏，那么，你的机会就来了。给宝宝提供不同的表达媒介，可以增加他的敏捷性和创造力。你不妨也加入有趣的游戏中，和宝宝一起玩，尤其是有些游戏元素（如水）本来也需要你在宝宝身边密切监督。

▶ 水溶性马克笔

▶ 蜡笔（又大又胖的蜡笔最适合宝宝的小手抓握）

▶ 用打碎成泥状的食物供宝宝探索食物的颜色：绿色（豌豆）、橙色（红薯）和蓝色（蓝莓）。如果宝宝舔手指，那就更好了！

▶ 水和海绵，水和勺子，水和所有东西

▶ 感知袋或软软包（详见前文内容）

▶ 玩具手机

如何策划一次成功的游戏之约

无论你是一位全职爸爸，还是只在星期六上午才有时间陪宝宝，与其他家长和孩子相约一起玩都是你最终要去做的。如果你现在还不急于这么做，只要记住这个月宝宝就要庆祝他的一岁生日了。如果他还没有同龄的朋友可以邀请，那么，你至少要从现在起就带他去社交，这样明年生日时他就有一个最好的朋友可以来参加派对了！如何策划一次成功的游戏之约？这里有一些小建议可供参考：

不要指望宝宝们互动。宝宝们都喜欢自己玩自己的。这就意味着他们虽然坐在一起，但注意力并不会放在彼此身上。不过，他们也会观察和留意对方，最终总会互动，很可能是一个宝宝从另一个宝宝的手里或嘴里抢过他的小玩具。

留出一个小时。不管是你去别人家，还是别人来你家，留出一个小时游戏时间就足够了。时间太久，宝宝们会因为接受过多的刺激而感到疲惫，爸爸们也一样。当你意识到爸爸们在一起其实没什么话可说，而又仿佛要在一起待上一整天时，你一定不希望自己像个被扣押的人质一样。所以，留出一个小时就够了。

问问爸爸们的育儿经验。如果你不知道该如何打破僵局，只要记住你们都是奶爸。问问别的爸爸有哪些育儿经验，就你正在头疼的问题，请他们给点意见和建议，说说他们是怎么处理的。

约在公共场所见面。灵活掌握游戏时间的一个好办法是约在游乐场见面。每家都自带零食和水，当有宝宝哭的时候，好吧，该走了！

清 洁
如何把宝宝培养成一个好帮手

宝宝还没有做好使用吸尘器的准备，但他开始有帮大人完成一些简单任务的意识了。有了这些意识，宝宝会明白所有东西都有它的位置，当他的努力得到了你的鼓励，他的自信就会增强。

玩具。把整理玩具变成游戏。你和宝宝一边把玩具放回它们原本的位置，一边唱歌、说话、给玩具分类。只要宝宝把一个玩具放进储物箱，那就是胜利！

毛巾。洗洗小脸！洗洗小鼻子！洗洗小脚丫！当然，宝宝自己洗过后，你还得再给他好好洗一遍。

请你把它放回去！宝宝能理解很多。如果宝宝回应了你的请求，你要把遥控器放下，好好谢谢他，给他一个吻。

给我一个好不好？让宝宝把他的小泡芙给你吃一个，他可能会直接放进你嘴里。回应他一个大大的"谢谢"！多么慷慨的分享者啊！

睡　眠

如何进行睡眠训练

当你或你的伴侣不在宝宝身边时，他可能会产生分离焦虑。这种压力到了晚上会更加严重，尤其是宝宝单独睡在他自己的房间时。说到我们自己的几个孩子，进行睡眠训练对我而言感触更深。直说吧：我们只在一个孩子身上试验了一下，然后，就将它丢出窗外了。这么做真的太难了——你会充满负罪感、疲惫感和烦躁。但如果你对睡眠训练抱有信心，只要知道它是个由难到易的过程就好。记住以下几点：

留出一个小时。爸爸可以让宝宝逐渐平静下来，进入睡前准备阶段。在哄宝宝睡觉前，留出一两个小时，喂他吃过晚饭，陪他玩会儿不剧烈的游戏，消消食，给他洗个热水澡，穿上舒服的睡衣。把房间灯光调暗，抱着宝宝坐在摇椅里，一边轻轻摇晃，一边给他读本书。

建立睡前程序。如果你坚持按照我刚才说的那套程序去做，那么，宝宝慢慢就会猜到接下来要做什么，比如："你要去睡觉了！"

找一些安慰物。我的意思是，找一些能安抚宝宝的东西。也许是某个上发条的毛绒玩具；也许是定好时间，让亚马逊的艾莉克莎语音助手播放一首《摇篮曲》；也许是他喜欢抓在手里的一块丝缎。我们的宝宝们都有这样一块来自襁褓设计（Swaddle Designs）品牌的丝缎方巾，把它揣在你们俩的衬衣下面大约一个小时，它就能沾染上妈妈或爸爸身上的气味。我们的四个孩子都用过这种丝缎方巾，它的效果非常神奇。

让宝宝安心。把宝宝放下来后，也许你的手可以在他背后多停留一小会儿，直到他闭上眼睛。我的儿子查理可就没这么容易安抚了，我必须躺在他小床旁边的地板上，直到他睡着了，才手脚并用地爬出去，或者像忍者一样悄无声息地溜出去。

坚持下去。坚持是关键。一晚上进进出出宝宝的房间反复哄睡会让人产生挫败感，但是坚持下去，情况总会慢慢变好的。

不要有负罪感。宝宝会哭，但我们要忍住，不要一发现他有不高兴的迹象，就赶忙冲进他的房间。我们要等上几分钟，基本上每一次，宝宝都会自己重新睡着。我一般都会密切注意宝宝房间的监控，确认他的哭声不是因为被夹在了婴儿床的缝隙里，或是一条腿卡在了栏杆之间之类的意外。

如何调整宝宝白天的小睡时间

到了这个年龄，宝宝可能上午不会再小睡，或者下午也不睡了——这就更麻烦了，因为他会下午五点睡着，然后凌晨三点瞪着眼睛精力充沛。下面我会给出一些小贴士，如果宝宝白天的小睡时间改变了，你可以参考：

限制小睡时间。如果宝宝睡着的时间点不合适，或者睡的时间太长，叫醒他。

试着用带宝宝乘车或推宝宝散步来调整小睡时间。这些方法对宝宝来说就像灵丹妙药——不管你在旁边把收音机音量调到多大，宝宝都能睡着。

尽量坚持。一旦你找对了节奏，就尽量坚持下去。

当心晚上睡得太好。如果宝宝白天不按照你喜欢的方式小睡，晚上又睡得太好，那你就倒霉了。宝宝只是遵循自己的睡眠方式。

改变晚上睡觉的时间。你可以试着把宝宝晚上睡觉的时间稍稍提前或推后一点。这样宝宝白天可能就会像你希望的那样小睡一会儿。

学习和游戏
如何吸引10～12个月大的宝宝

多和宝宝互动，他的发展水平会得到极大的提升！

▶ 跟宝宝玩捉迷藏。把东西藏起来，让宝宝找——可能在你的衬衫里，在你背后，总之就在宝宝看不见的地方。

▶ 跟宝宝玩拍拍手或"欢迎一下"游戏。

▶ 在两个家具之间拉一道帘子，作为宝宝的第一个奇妙屋。

▶ 把一个大纸箱两端打开，把它做成一个纸隧道。你去另一端，鼓励宝宝从隧道里爬向你。

▶ 玩"××在哪里"的游戏。问宝宝"我的鼻子在哪里"，看看他有什么反应，不管是看看鼻子、指指鼻子或是摸摸鼻子都可以。接着问："小狗又在哪里？"

▶ 玩分类游戏。让宝宝看看你是怎么把蓝色的积木都放在这里，又把红色的积木都放在那里。

▶ 把电视关掉。如果宝宝的注意力被电视节目吸引，你就很难和宝宝比赛了。关了电视，放点音乐，一起唱唱歌。

如何培养宝宝的语言能力

帮助宝宝建立词汇库、提升语言能力的办法多种多样，这里我先列举一小部分。

多说话。你不是一直都想成为体育比赛解说员吗？机会来了——给宝宝来一场实况解说，把你们一起做的每一件事都描述给他听。也许你想给他读一读《华尔街日报》，也可能你喜欢用那种傻乎乎的卡通音跟宝宝对话，无所谓，哪种方式都能提高他的语言能力！

指认各种东西。对宝宝说："那是狗！嗨，小家伙！"过一会儿再问："狗在哪儿呢？小家伙去哪儿了？"看看宝宝会如何反应。

读点不一样的书。也许宝宝有他自己最喜欢的书，但你也可以改变一下睡前习惯，给他读点不一样的书。如果你觉得晚上读书时间太仓促，不妨改成晨读。给宝宝买几本纸板书，让他可以白天咬着玩。

追随宝宝的兴趣。如果什么东西吸引了宝宝的目光，不妨这样回应他："哦，花真漂亮，是不是？那是红色的花！"

婴儿用品

必备用品

▶ **安全防撞条：**如果你家里有矮桌，一定要用柔软的防撞条把家具的四角都包起来，防止宝宝磕到头。

▶ **宝宝便鞋：**如果宝宝快要学会走路了，他会需要几双轻便的鞋子！挑选适合他的鞋号。

▶ **防晒用品：**既然宝宝已经离开婴儿车顶棚制造的阴凉区，那么用好的太阳帽、太阳镜，当然还有宝宝防晒霜来保护他不被晒伤吧。

▶ **冬季用品：**这要取决于你们住在哪里，也许你们那儿的冬天特别漫长。不要一直待在室内，无论如何，新鲜的空气对宝宝都是大有好处的，只要保证宝宝出门时已经被帽子、手套、防雪装等包裹严实了就好。当然，极寒天气宝宝就不要出门了（极热天气也同理）。

可备用品

▶ **零食杯**：手里拿着小零食的宝宝通常都是非常快乐的。别饿着宝宝，给他的小杯子里装满零食。

▶ **防滑袜**：很适合宝宝穿着在家里四处走，不会在地板或地砖上滑倒。

▶ **可以推的玩具**：如果宝宝开始四处走了，就给他买一个可以推着满屋子走，还能发出好听的声音并且好看的玩具吧。

▶ **第一辆玩具车**：宝宝可能还无法自己上下车，但你可以推着他到处走，他也可以坐在上面听小车的铃铛或汽笛响。

▶ **慢跑童车**：这个年龄的宝宝很喜欢坐在慢跑童车里，在附近快速地绕上一圈。他已经有足够的力量控制自己的头部和颈部，四周不断变化的景色又会吸引他持续增强的专注力。

▶ **18个月及以后要穿的衣服**：提前买好比现在大一号的童装总是没错的。到现在你可能已经发现了，12个月的宝宝其实常常会穿18个月甚至24个月宝宝的衣服。因此，无论是来一场购物大冒险，还是请亲戚们把童装作为送你们礼物时的首选项，或是接受其他父母送来的二手童装，总之别让宝宝的衣橱空着就是了！

不建议用品

▶ **花哨的鞋子**：有什么用？

第10个月　宝宝性格初形成

平均重量	重量相当于
19磅（约合8.6公斤）	一台立体声音箱

来到第一年的最后三个月时，你可能已经准备好绕着附近街区跑一圈来庆祝胜利了。宝宝到了第10个月，唯一放缓的就是他的食欲。除此之外，宝宝就像要去比赛似的——爬来爬去，可能自己撑着站起来并四处游走。这个小家伙不停地活动，坦白地讲，恐怖的事就要来了。这些迹象都意味着一件大事即将发生——走路。

在这段时间里，最必不可少的婴儿用品就是"宝宝监狱"。我怀疑是不是只有我们会这么称呼这个东西，如果你不熟悉这个名称，我说的是一个八边形的围栏。它就像是在《复仇者联盟》束手无策时，钢铁侠用来困住绿巨人的那个金属罩子。它的用处是让你的超人宝宝待在里面，跑不出来，好为你争取30秒时间去一趟卫生间。别误会我的意思，我知道你几个月前刚买的婴儿游戏围栏很不错，但是，日复一日面对同样的玩具，宝宝总会厌烦。实际上，你可能已经是个"调包高手"了：始终把一部分玩具藏在橱柜里，轮流拿出来给宝宝玩，让小家伙感到惊喜。但宝宝是很聪明的，成长得也很快，你也要跟上节奏。

第4阶段	第10个月
宝宝状态 ● 宝宝平均每晚要睡 10～12 个小时。 ● 宝宝每天白天要小睡两次，时长仍然是 1.5～2 个小时。 ● 宝宝的头可能会撞到婴儿床围栏或墙壁上——这种情况在男孩身上比在女孩身上更常见。 ● 宝宝喝配方奶也好，母乳也好，每天的总摄入量在 24～30 盎司（约合 709.7～887.1 毫升）。随着吃辅食的次数越来越多，乳品喝得就会越来越少。 ● 宝宝每次会吃 1/4～1/2 杯的谷物、果蔬、乳制品和蛋白质，摄入量会随着宝宝体重的增长而变化。 ● 宝宝开始用学步车了。 ● 他可能会玩更宽、更低的玩具车，比如，消防车或赛车。	

第4阶段	第10个月

- 能发出音乐声的玩具更受宝宝欢迎。
- 到了这个阶段，你应该能看出宝宝的性格了。他可能会有一些特别偏爱的东西，也许是某个毛绒玩具，或是某本心爱的书。
- 坐着的宝宝可以凭借支撑力自己站起来。
- 抓着东西的时候，宝宝可以做出蹲的姿势，还可以再坐回去。
- 宝宝可以四处活动，不管是爬、横着走还是扶着家具慢慢挪动。
- 宝宝已经熟练掌握"捏"这个动作了（拇指和食指协调配合）。
- 宝宝可以把看到的几乎所有东西都抓过来，塞进嘴里，他也确实会这么做。如果你还没有把东西放好，锁起来，现在就去！
- 宝宝可以把小的东西放进大的东西里了，比如，把杯子或塑料碗摞起来。
- 宝宝能够抓紧勺子，甚至都能自己用勺子吃东西了。
- 宝宝开始模仿周围人的动作。如果你在哭，或是在生气，宝宝可能也会做出同样的动作。
- 小家伙可能已经学会一些简单的词语了，比如，"再见""狗""猫"。
- 宝宝可能学会拍手了。

妈妈状态

- 如果妈妈还在给宝宝喂母乳，她可能面临的问题包括泵奶、宝宝拒绝吃奶、乳腺管堵塞或断奶。

不容错过的事

- 本月没有体检。

每月目标

娱乐总监

报个亲子兴趣班。找找你们本地有什么亲子兴趣班，比如音乐、艺术、瑜伽、感知游戏或游泳。这是你和宝宝一起共度美好时光、探索新鲜事物的好机会。对我来说，这是一个走出家门，见见那些家里宝宝和我家宝宝差不多大的父母的好机会。还有什么事能比听说那些父母过得比我还惨更令人欣慰的呢？哈哈哈！

提前计划

关注宝宝的行为。宝宝的行为训练现在就可以开始了！关注宝宝良好的行为和表现，这件事越早开始越好，哪怕是一些简单的小事。比如，翻书的时候轻轻地翻，而不是把书页撕坏，或是把毛绒玩具放回箱子里，而不是丢在地板上。

运用正强化。我们在讨论正强化的同时，也可以对宝宝的某些行为和表现进行纠正。宝宝已经开始理解"不行"这个词的意思了。你不需要提高音量，你的语调本身就能有效地向宝宝传达信息。你也可以用肢体语言来纠正宝宝的行为，比如，把书放回储物箱或书架上，或者在他刚刚关掉最后一集《原始生活21天》时，把他的小手从有线电视盒上拿开。

照顾自己

加入一个育儿小组。你不需要找专门面向奶爸的小组。在我和我妻子有了孩子后，每次在我们不得不搬家时（至少搬了六次），我都必须一切从头开始，见新的朋友，找别的小朋友跟我的孩子一起玩。尽管我偶尔会鄙视"脸书"，但它的社区功能确实会帮我找到一些兴趣相投、孩子又和我家孩子年龄相仿的父母。我们轮流去对方家里，玩上一两个小时，下周再换对方来我家。这也是锻炼宝宝们社交技巧的好机会（对我也是一样）。你永远想不到走出自己的舒适圈，见一些新朋友，会带来怎样的好处。

第11个月　宝宝学会运用喜怒哀乐的脸谱了

平均重量	重量相当于
19磅（约合8.6公斤）	小型汽车轮胎，空的高尔夫球袋

现在宝宝又长大了一点，他可以理解"不"这个词了。虽然这并不代表他喜欢听到这个词，但他可以根据看到的事实，推断出他不应该去做会让他听到这个词的所有动作。在这段时间里，宝宝会开始试探他的极限——以及你的。宝宝觉得进行试探的最好时机，就在他刚刚在尿片上来了次"大井喷"，你手忙脚乱地试着给他换新尿片，而他扭来扭去，把粪便糊在你崭新的羽绒被套上时。就在上周，我走进房间，看到我妻子正在地毯上给伊芙琳换尿片，她用两只光脚固定住伊芙琳的双肩，不让她乱动，同时极其熟练地进行一系列操作。有时候，你就得手脚并用才能把事情搞定。

随着感官发育成熟，小家伙开始瘦下来了，悄悄地褪去一些婴儿肥。他从小婴儿很快就会成长为幼儿了。什么，已经是了吗？

第4阶段	第11个月

宝宝状态

- 宝宝每晚睡10～12个小时，白天会有两次1.5～2小时的小睡。
- 不管喝母乳还是配方奶，宝宝每天喝奶的次数最多3～4次。
- 宝宝每天都会分别吃掉1/4～1/2杯的谷物、果蔬、奶制品和蛋白质，喂食和自己主动吃都算在内。
- 宝宝每天可能会喝3～4盎司（约合88.7～118.3毫升）果汁（不是必须项）。
- 宝宝对事物有了强烈的好恶，他注意力的持续时间在不断增长。
- 宝宝会利用喜、怒、哀、乐等不同的情绪来得到自己想要的。
- 宝宝可以自己扶着家具到处走了，他会拉开橱柜和抽屉，研究所有的东西，包括那些他不应该去研究的。
- 宝宝是个"逃脱大师"，他能从尿片、高脚椅和手推车里挣脱出来，所以，时刻确认你有没有把宝宝固定好。
- 宝宝的语言能力在大幅进步，他正在积攒词汇量。他会说的词仍然有限，但能听懂的词大概有20～50个。
- 宝宝开始用手指东西了。
- 宝宝在玩玩具的过程中，手眼协调能力得到提升，有这样功能的玩具包括积木、堆叠玩具、拼图、游戏钉板、串珠迷宫、活动木立方等。

第4阶段	第11个月
妈妈状态 ● 如果妈妈还在给宝宝喂母乳，她可能面临的问题包括泵奶、宝宝拒绝吃奶、乳腺管堵塞或断奶。 **不容错过的事** ● 本月没有体检。	

每月目标

娱乐总监

策划一场生日派对。宝宝的周岁生日马上就要到了。你想办一场什么样的派对？是和家人共进晚餐，还是租个充气房子，来一场华丽的盛会？有没有家人需要从别的州飞过来参加派对？先从拟定邀请人员名单开始，布置房子，准备迎接狂欢吧。

照顾自己

宝宝进入幼儿期，做好准备。宝宝满一周岁，开始步入幼儿期了。你准备好了吗？回想这一年的伊始，你曾设想过自己希望成为怎样的父亲，现在逐条复盘一下——你是沿着正确的方向前进的吗？特别是，你准备好体力，迎接更加充满活力的下一个阶段了吗？如果你需要做些什么，不妨就从绕着附近街区走一圈开始吧。别忘了带上你的小家伙，他会非常开心的！

第12个月 这一年啊

平均重量	重量相当于
20~21磅	燃气烤炉用的丙烷罐，
（约合 9.1~9.5 公斤）	一袋沙子

奶爸上岗一周年快乐！

到了这个月，陪宝宝玩游戏已经成了一种生活方式。我们简直就像住在了高尔夫球场上，每天，伊芙琳和我都要走到后院，捡回滚落在这里的高尔夫球。当时，我们有整整一筐500多个高尔夫球，伊芙琳最喜欢的游戏就是摇摇晃晃地来到球筐边，然后，一个一个地把球扔到硬木地板上。

宝宝开始理解顺序了。他们开始意识到，为了达到目的，他们要按照一定的顺序，依次完成任务。举个例子，宝宝可能明白了要吃到麦片（倒不是说他已经可以很熟练地用勺子自己吃了），他就得先把勺子浸到碗里，再放进自己的嘴巴里。

对我来说，这个月是最激动人心的一个月——我这个奶爸已经当了一年了！我们会邀请所有的亲朋好友来参加宝宝隆重的一周岁生日派对，因为这的确是一个重要的里程碑，值得好好庆祝。另外，对宝宝来说，他会在这场派对上亲手摧毁掉他的蛋糕（温馨提示：许多连锁店会免费赠送你一个蛋糕，用于宝宝的第一个生日派对）；而对你们来说，除了收获一大堆脸上涂满奶油的照片外，这也是你和你妻子的庆典。你们即将步入幼童家长的阶段。这一年啊！

第 4 阶段	第 12 个月
宝宝状态 ● 宝宝每晚可以睡 10 ~ 12 个小时。 ● 宝宝白天会有两次小睡（为了让宝宝晚上睡得更好，也许你应该帮他减少一次）。 ● 宝宝每天总共睡 12 ~ 14 个小时。	

第 4 阶段	第 12 个月

- 不管是喝母乳还是配方奶，宝宝每天最多喝 24 盎司（约合 709.7 毫升）。

- 宝宝每天会吃下 1/4 ～ 1/2 杯（也可能更多）的谷物、蔬果、乳制品和蛋白质。

- 宝宝每天可能会喝下 3 ～ 4 盎司（约合 88.7 ～ 118.3 毫升）果汁（不是必须项）。

- 宝宝已经能走路或快要学会走路了。

- 宝宝会满房间地把玩具拖过来拖过去。

- 你也许会发现宝宝的食欲有所下降。

- 宝宝的体重可能已经达到刚出生时的三倍。

- 宝宝的身长大约增长了 9 ～ 11 英寸（约合 22.9 ～ 27.9 厘米），几乎相当于刚出生时身长的一半。

- 宝宝的大脑大约相当于成年人大脑体积的 60%。

- 宝宝目前用手抓着吃饭，不过用勺子越来越熟练了。

- 爸爸妈妈给宝宝穿衣服时，宝宝可以帮点小忙了，比如，在需要的时候抬抬胳膊，伸伸腿。

- 宝宝已经能正确使用几种不同的工具了，比如勺子、电话或梳子。

- 到现在，宝宝已经可以从喝母乳过渡到喝普通牛奶了，不过，两岁前还是不要喝低脂牛奶。

- 宝宝的词汇量持续增加，可能已经会说"妈妈""爸爸""不要""嗯哦""再见"之类简单的词了。

- 宝宝还在挑战自己的极限，比如，上楼梯，看看自己能把食物扔多远（除非你去制止他），以及探索之前没有探索过的事物。

第4阶段	第12个月

不容错过的事

- 周岁体检：可以参考9个月体检时的事项，问问医生宝宝的每项发展指标是否都在正常范围内。以下是医生可能要参考的一些信息：

  宝宝的体重、身长和头围。

  全面体检的结果。

  针对麻疹、腮腺炎、风疹、水痘的潜在疫苗，或其他已接种的疫苗（以及加强针）。

  如果现在是秋天或冬天，可能会建议给宝宝注射流感疫苗。

  宝宝能自己撑着站起来吗？会站了吗？会走了吗？

  宝宝开始说话了吗？他说了什么词？

  宝宝怎么吃固体食物？

  宝宝做什么都用两只手吗？

  宝宝会指着某个东西吗？

每月目标

📹 娱乐总监

举办周岁生日派对。宝宝的周岁生日派对是件大事。我妻子总是为此焦头烂额。但是，和真正的主角——孩子比起来，这件事对家长的意义似乎更大。无论如何，这是一个值得好好庆祝的时刻，宝宝记不住这场派对，所以你要多拍照片，留作纪念，等孩子长大后，就可以回顾这些照片，得到许多乐趣。

👥 家庭会议

回忆和记录。你上一次记录宝宝的成长笔记是什么时候？趁着记忆还没有消散，和你的伴侣一起，花上一个小时，把一些有趣或难忘的故事记录下来。

LOVE 亲密时间

再策划一场聚会，只属于两个人的。你和你的妻子一起扛过了
宝宝出生的第一年，你们取得的成就无论大小，都值得庆祝。
为你的搭档策划一场难忘的惊喜之夜吧。

爸爸陪护师

如果妈妈考虑断奶，请支持她。让宝宝习惯于其他食物，逐渐
减少母乳喂养。可以考虑换成牛奶，这样你也能给宝宝喂奶，
也可以不换。

尾 声

再没有什么比看着我的宝宝拉开人生的大幕更能对我的生活产生深远影响了。每次孕育新生命都是不同的历程——情绪、身体和精神都像坐了一次过山车一样，经历着巨大的挑战。但是，当你的小家伙用他漂亮的大眼睛望着你时，还有什么更能如此温暖你的心和灵魂呢？

如果你读过这一系列的第一本书《写给准爸爸的第一本怀孕指南》，或是关注过我的博客"要孩子还是要活命"，我首先要感谢你的忠实关注。此外，你会发现虽然我在不同的场合被贴上"育儿专家"的标签，但其实我只是一个普通人，极力想成为最好的父亲。

我并不是无所不知，也没想把自己塑造成无所不知的样子。我会研究听取权威机构和专业医生给出的建议，但说到底，每个人的情况都是不同的，我会寻找内在本能和普遍常识之间的交集，做出最好的决策。

当父亲的第一年是幸福的。在每次收拾尿片上的"大井喷"，每次在百货店情绪崩溃外，随之而来的还有无数个"第一次"：第一次看到宝宝爬；第一次听到宝宝发声，说出第一个词；长了第一颗牙；第一次拍拍小手；第一次松开手，迈开步子走向这个世界（首先是走在家里，希望你已经做足了防护）。

希望这本书不仅是一根拐杖，能给你支持，也能成为一张蓝图，鼓舞着你成为最好的伴侣、最好的爸爸。

带着艾娃、查理、梅森和伊芙琳四个孩子，我常常向那些"过来人"父母发牢骚："我现在正是水深火热的时候！"他们的孩子都比我的大，他们的生活早已是另一番状态了，而他们的回答总是一样的——童年转瞬即逝，你还没反应过来，孩子们就已经长大离家了。总有一日，你的家会再次归于宁静；总有一日，小玩具都会不见。珍惜现在的每一天，不管压力有多大。停下来，深深呼吸，去体会参与孩子人生的那份喜悦。在养育孩子这件事上，有一句话说得不能再对了：日子很长，但岁月转瞬即逝。

为人父母是一条崎岖的路，但你的孩子会很乐意陪你走下去……

词汇表

产后情绪低落： 妈妈在分娩后大约两周内，可能会出现情绪波动、大哭以及过度忧思等现象。如果妈妈始终被这些情绪困扰，那么，她可能患上了产后情绪障碍，比如，产后抑郁症或产后焦虑症。

婴儿安全防护： 把家里小的、危险的物品拿走或收纳起来，不让宝宝有机会接触它们，也叫作"儿童安全防护"。

肠绞痛： 健康的、吃奶正常的婴儿总是啼哭，而且符合三个"三"标准：每天会哭上三个多小时，每周超过三天出现这种情况，持续超过三周，就是肠绞痛的表现。

初乳： 由妈妈的乳房制造的一种富含蛋白质和抗体的液体，它出现于真正的乳汁前，在宝宝出生后宝贵的头几天里提供必需的营养。

乳痂：一种片状、略带红色的皮疹，呈鳞状分布，看起来可能像头皮屑。

助产士：非医疗专业人员，不负责接生，不提供任何形式的医疗护理。不过，有执照的助产士都接受过培训或通过了考试，知道如何在怀孕期间给孕妇及她的家人提供帮助。

湿疹：一种会导致皮肤发红、发痒的情况，会出现在成年人身上，但在儿童身上也很常见。

信封领：指连体衣上交叠的领口形式，使衣服可以向下脱，而不是非得向上脱，在便便"井喷"时，它就是你的"救命恩人"。

精油：浓缩精油，有多种香气，可以扩散到空气中，也许具有某种治疗功效。在把它用于宝宝的皮肤上之前，请先咨询医生意见。

《家庭与医疗休假法案》（FMLA）：美国的一项劳动法，要求有保险的雇主为员工提供无薪休假和请假的权利，保留员工的职位不变。

囟门： 宝宝头顶上一块还未发育好的区域，通常也被称为"天窗"。

哺乳顾问： 专门从事母乳喂养临床指导的专业卫生保健人士，为遇到哺乳问题的女性提供帮助，解决诸如宝宝衔乳困难、妈妈喂奶疼痛或产奶量低等问题，也会协助妈妈在母乳喂养的过程中进行自我护理、掌握管理技巧。

胎粪： 宝宝出生后的第一次大便，是一种黑色、黏稠、焦油状的混合物，是由宝宝在子宫里摄入的物质消化后的结果，看上去几乎辨认不出是粪便。

夜班保姆： 受雇在夜间照顾宝宝的保姆，这样你们晚上就能睡上一会儿了。

乳头水疱： 在乳头的输乳管顶端形成的白色小水疱。

安抚奶嘴： 带有奶盾、手柄或拉环的硅胶奶嘴，可以安抚宝宝，也称"牙胶"，孩子一旦养成咬安抚奶嘴的习惯，是很难戒掉的。

乳腺导管阻塞： 局部硬肿块，伴有压痛，会阻碍乳汁输送，通常是由乳房内乳腺导管内部阻塞引起的，也称"乳管堵塞"或"输乳管阻塞"。

产后情绪障碍：伴随分娩而来，包括更加常见、暂时性的、较容易治疗的产后焦虑症（PPA）以及产后抑郁症（PPD）。虽然新手妈妈和爸爸都有可能患上这两种病，但妈妈患病的风险更高，症状包括极度沮丧、大哭、焦虑、无法做出决定或清晰地思考，以及失眠或入睡困难等。

益生菌：有益的活性微生物，可以调节肠道内菌群平衡，有益健康。一般来说，宝宝服用益生菌是安全的。

感知游戏：可以刺激宝宝感知功能（包括视觉、嗅觉、味觉、触觉和听觉）发展的游戏。

婴儿猝死综合征（SIDS）：婴儿突发的、原因不明的死亡，不太常见，大多发生在夜里，因此得名"摇篮死亡"。

襁褓：把宝宝包得像墨西哥卷饼一样，通过这种方式来安抚他，动作受限和紧密包裹的感觉会让他觉得自己还在妈妈的子宫里。

鹅口疮：口腔里的一种真菌感染，这种感染也可能发生在其他身体部位，或是引起尿布疹。

俯卧时间：在宝宝三个月左右的时候，让宝宝每天俯卧30分钟，来增加他的力量，让他能够自己翻身并最终坐起来。

断奶：停止母乳喂养。

致　谢

我是个幸运的人，拥有这样一位妻子、一位人生伴侣，我们支持对方去实现梦想，在跌倒后会相互搀扶，在悲伤中彼此安慰。

我们一起经历过四次怀孕，其实还有过第五次，但因为令人心痛的流产而提前终结了。如果没有我的妻子珍和我们的孩子们——艾娃、查理、梅森和伊芙琳，没有我们作为一个小家庭共同经历过的一切，就根本不会有今天的我。

我还要向以下这几位表达我的爱：我的父母布鲁斯和琼，我的兄弟们艾瑞克和特拉维斯，我的岳父母鲍勃和伊莱恩，以及珍的兄弟姐妹们和他们的另一半，他们总是对我敞开怀抱，爱我，支持我（还让我当了七次叔叔）！

关于作者

阿德里安·库尔普（Adrian Kulp），曾在美国哥伦比亚广播公司（CBS）担任深夜节目的喜剧演员经纪人，也曾在美国喜剧演员亚当·桑德勒的快乐麦迪逊电影制作公司（曾制作《交往规则》《戈德堡一家》等剧集）担任电视部门执行主管，还曾在美国电视节目主持人切尔西·汉德勒的边界惊奇制作公司（曾制作《夜话后续》《喜剧演员切尔西·莱特利》）担任开发副总裁。

在过去的9年里，他一直在广受欢迎的爸爸视角博客中记录自己作为父亲的经历，还出版了博客同名育儿回忆录《要孩子还是要活命——一位非自愿全职奶爸的自白》。他曾为A&E电视网制作了真人秀节目《现代爸爸》，也曾是《赫芬顿邮报》、育儿网站The Bump、家有宝宝和《父母》杂志的撰稿人，他还是最大的在线父子社区"爸爸的生活"的合作伙伴，负责创意团队和品牌内容。

2018年，他写了您现在所读的这本书的前传：《写给准爸爸的第一本怀孕指南》。

一些有趣的事实：库尔普在写作前传时，他和妻子正在经历最后一次怀孕，而现在这本书恰好是在宝宝一周岁前完成的。

库尔普在宾夕法尼亚州生活了21年，在洛杉矶生活了14年，在马里兰州生活了5年，又在弗吉尼亚州的海滨城市生活了3年。最近，他和妻子珍以及他们的四个孩子艾娃、查理、梅森和伊芙琳搬到了田纳西州的纳什维尔生活。

信息来源

关于父亲

全职业老爸（AllProDad.com）：该网站为老爸提供各种支持，从每天一分钟鼓励邮件，到互动运动体验。

城市老爸小组（CityDadsGroup.com）：该小组通过聚会、播客、新手训练营以及社交媒体等形式，将老爸们凝聚在一起。

老爸（TheDad.com）：这里有各种笑话、表情包、育儿幽默以及"像真人一样说话的温柔且全情投入的父亲"。

老爸2.0峰会（Dad2Summit.com）：每年一度的盛会，旨在促进"将父亲这一角色视为一种重要社会公益"的当代男性之间的相互理解与交流。

要孩子还是要活命（DadorAlive.com）：这是我的博客，是我意外成为全职爸爸的自述，内容从孩子在各个年龄、各个阶段的成长状况，到爸爸水深火热的生活中会发生的各种情况。

老爸风尚日志（DaddyStyleDiaries.com）：一个聚焦于父亲、旅行和汽车的生活方式类博客。

设计师老爸（DesignerDaddy.com）：这里有关于为人父母和父亲身份的各种话题讨论，包括同性双亲与领养儿子，以及亲子手工和流行文化资讯等。

父亲（Fatherly.com）：父子领域领先的数字品牌，旨在通过其原创内容"鼓励男性养育出色的宝宝，打造更有成熟感的人生"。

怎样当好爸爸（HowToBeADad.com）：该博客在父子话题上提供了不少幽默的观点，它可以为你提供支持，让你感到自己并不孤单。

爸爸的生活（LifeOfDad.com）：通过综艺、播客甚至爸爸主题电视节目，为爸爸们提供从工具装备到约会之夜等方方面面的实用建议。

爸爸便当盒（LunchboxDad.com）：这个网站的主题是令午餐时间变得有趣，有许多午餐盒饭创意、育儿文章以及相关产品使用反馈等信息。

爸爸先生（MrDad.com）：该网站为各种类型、处于不同阶段、发挥不同作用的父亲提供实用建议、产品使用心得和育儿播客。

国家全职爸爸网（AtHomeDad.org）：该网站旨在"提倡，团结，教育和支持"爸爸们作为孩子的首要照顾者。

国家父亲倡议（Fatherhood.org）：简称NFI，是美国领先的非营利性组织，致力于结束育儿过程中父亲缺席的局面。

国家父亲中心（Fathers.com）：在这个网站，你可以找到各种相关的培训和研究信息，甚至还有以父亲为主题的线上图书馆，为你提供支持、鼓励和指导。

船尾甲板故事（TalesFromThePoopDeck.com）：这个博客的名字很巧妙①，它讨论的话题是"如何在成为父亲后的狂风暴雨中平稳航行"。

关于为人父母

呀呀（Babble.com）：迪士尼旗下的一个网站，涵盖了从怀孕到育儿的各种话题，包括亲子娱乐和生活方式等。

宝宝中心（BabyCenter.com）：作为"世界第一的育儿类数字资源"，宝宝中心每月的访客超过100万人，可提供9种不

---

①poop，既有船尾的意思，也是排便的通俗说法。——译者注

同的语言版本。

《赫芬顿邮报》——育儿专区（HuffPost.com/life/parents）：
《赫芬顿邮报》的一个专区，为现代父母提供新闻和故事。

育儿（Parenting.com）： 从购买婴儿车到幼儿活动再到生育计划，"育儿"网站会为育儿道路上的每一步提供详尽的指导。

父母世界（Parents.com）： 在这里你可以找到《为人父母》杂志（*Parenting*）所有的资源，还能看到其他相关网站的资源：健康孕育（Fit Pregnancy and Baby）、亲子游戏（Family Fun）、拉丁美洲父母（Parents Latina）、做父母（Ser Padres）。

非常好的家（VeryWellFamily.com）： 旨在提供"友好可行的怀孕和育儿方式"，该网站涵盖了与怀孕和育儿相关的各种专业医疗健康信息。

网络医生（WebMD.com）： 一个可获取医疗信息的在线资源。但所有的症状与医疗问题你还是要去咨询你的医生。

有何期待（WhatToExpect.com）： 该网站结合了从医学角度出发的保健知识、轻松愉快的话题讨论和实用的规划信息，旨在帮助你度过"快乐健康的孕期，并养育出快乐健康的宝宝"。

关于丧子、抑郁的应对与父母关怀

产后爸爸（PostpartumDads.org）： 该网站为被产后抑郁症折磨的家庭提供各种信息、资源和一手指导。

产后进展（PostpartumProgress.com）： "全球阅读范围最广的关于孕产妇精神疾病的博客"，为那些饱受产后及妊娠相关的精神疾病折磨的父母提供资源和支持。

国际产后支持组织（Postpartum.net）： 简称PSI，它的使命是提高公众和专业团体对产后相关的情绪和精神变化的关注。

分享：流产与婴儿早夭心理援助（NationalShare.org）： 这个全国性的社区是为那些经历了失去孩子之痛的人准备的——父母、挚爱和照顾孩子的人以及专业人士。

在喧嚣的世界里，

坚持以匠人心态认认真真打磨每一本书，

坚持为读者提供

有用、有趣、有品位、有价值的阅读。

愿我们在阅读中相知相遇，在阅读中成长蜕变！

好读，只为优质阅读。

写给新手爸爸的第一本育儿指南

策划出品：好读文化	监　　制：姚常伟
责任编辑：俞滟荣	产品经理：罗　元　张　翠
装帧设计：WONDERLAND Book design 仙境 QQ:344581934	内文制作：鸣阅空间

北京市版权局著作合同登记号：图字01-2023-0653

Text ⓒ 2019 Callisto Media,Inc.

All rights reserved

First published in English by Rockridge Press,a Callisto Media, Inc.imprin

图书在版编目（CIP）数据

写给新手爸爸的第一本育儿指南 /（美）阿德里安·
库尔普著；喻婷译. —北京：台海出版社，2023.7

书名原文: We're Parents! The New Dad Book for
Baby's First Year

ISBN 978-7-5168-3572-2

Ⅰ.①写… Ⅱ.①阿… ②喻… Ⅲ.①婴幼儿—哺育
—指南 Ⅳ.①TS976.31-62

中国国家版本馆CIP数据核字（2023）第097978号

写给新手爸爸的第一本育儿指南

著　　者：〔美〕阿德里安·库尔普		译　　者：喻　婷
出 版 人：蔡　旭		责任编辑：俞澼荣

出版发行：台海出版社

地　　址：北京市东城区景山东街20号　　　　邮政编码：100009

电　　话：010-64041652（发行，邮购）

传　　真：010-84045799（总编室）

网　　址：www.taimeng.org.cn/thcbs/default.htm

E-mail：thcbs@126.com

经　　销：全国各地新华书店

印　　刷：嘉业印刷（天津）有限公司

本书如有破损、缺页、装订错误，请与本社联系调换

开　　本：880毫米×1230毫米　　　　　1/32

字　　数：140千字　　　　　　　　　印　　张：7.5

版　　次：2023年7月第1版　　　　　　印　　次：2023年7月第1次印刷

书　　号：ISBN 978-7-5168-3572-2

定　　价：52.00元

版权所有　　翻印必究